国家科学技术学术著作出版基金资助出版

燃气轮机拉杆转子结构动力学

袁奇 李浦 著

西安交通大学出版社
XI'AN JIAOTONG UNIVERSITY PRESS

国家一级出版社
全国百佳图书出版单位

内容简介

本书系统介绍了重型燃气轮机拉杆转子的结构特点,基于非连续结构完整性理论,从功能设计和结构设计角度研究其特有的动力学问题。主要内容包括燃气轮机拉杆转子各级轮盘不同非连续接触界面刚度的模化方法,拉杆转子非线性动力学,转子装配参数的优化方法,保证转子稳定运行的拉杆预紧力设计准则,并分析了三种典型燃气轮机拉杆转子的动力学特性,一种新自主研发的燃气轮机拉杆转子在各种运行工况下的温度应力耦合及低周疲劳寿命评估分析方法,同时给出关于转子结构的优化方法与建议,为燃气轮机拉杆转子结构动力学分析提供参考。

本书的读者主要为机械、能源、石化以及航空、航天等部门从事旋转机械设计、制造、运行的工程技术人员,也可供高等院校相关专业的学生、研究院所的技术人员学习使用。

图书在版编目(CIP)数据

燃气轮机拉杆转子结构动力学 / 袁奇,李浦著. —
西安 : 西安交通大学出版社,2021.4
ISBN 978 - 7 - 5693 - 1787 - 9

Ⅰ.①燃…　Ⅱ.①袁…　②李…　Ⅲ.①燃气轮机-拉杆转子-结构动力学　Ⅳ.①TK474.7

中国版本图书馆 CIP 数据核字(2020)第 163612 号

书　　名	燃气轮机拉杆转子结构动力学	
著　　者	袁　奇　李　浦	
责任编辑	李　颖	
责任校对	魏　萍	
出版发行	西安交通大学出版社	
	(西安市兴庆南路 1 号　邮政编码 710048)	
网　　址	http://www.xjtupress.com	
电　　话	(029)82668357　82667874(发行中心)	
	(029)82668315(总编办)	
传　　真	(029)82668280	
印　　刷	广东虎彩云印刷有限公司	
开　　本	720 mm×1000 mm　1/16　印　张　14.25　字　数　280 千字	
版次印次	2021 年 4 月第 1 版　　2021 年 4 月第 1 次印刷	
书　　号	ISBN 978 - 7 - 5693 - 1787 - 9	
定　　价	126.00 元	

前　言

　　燃气轮机和航空发动机（"两机"）的突出特点是负荷大、温度高、结构复杂，振动问题一直是发动机研制的瓶颈。拉杆转子或螺栓连接结构是"两机"的核心部件，非连续结构以及复杂接触界面导致其转子的特殊动力学问题，是我国"两机"专项研发的重点。燃气轮机拉杆转子动力学分析涉及非线性接触界面微观形貌和非连续结构宏观响应的耦合力学行为，是区别于常规连续转子系统的复杂动力学问题。

　　本书作者课题组三十多年来一直从事动力机械转子动力学和计算流体力学方面的研究，自 2006 年先后主持完成了国家 863 子项目"F 级燃气轮机拉杆转子模化试验研究（2008AA05A302H）"、国家自然科学基金"燃气轮机拉杆转子接触界面的非线性动力特性及故障识别方法研究（11372234）"、东方汽轮机有限公司（东汽）"M701F 燃气-蒸汽联合循环机组转子强度及轴系振动（20070340）"和自主研发的"50 MW 燃气轮机实验验证机转子动力学特性研究（20130803）"、哈尔滨汽轮机厂有限公司（哈汽）"GE9FA 燃气-蒸汽联合循环机组转子轴系振动特性研究（20080417）"、上海汽轮机厂（上汽）"西门子 V94.3A 燃气轮机转子动力学特性（20111157）"和"6 MW 燃气轮机转子动力学特性的研究（20140605）"等项目，参加了国家科技部 973 项目"大型动力装备制造基础研究（2007CB707700）"中燃气轮机拉杆转子及系统动力学方面的研究工作。本书系统总结了这十多年在燃气轮机拉杆转子结构动力学理论和试验研究方面积累的经验，不仅从经典转子动力学理论视角对拉杆转子结构进行分析，而且根据机组实际运行工况提出具体问题并进行分析总结，对我国重型燃气轮机拉杆转子结构动力学分析和设计具有指导意义。本书系统地给出了燃气轮机拉杆转子动力学建模、动力学分析和热-固耦合强度分析的基本理论和方法，列举了国内三大重型燃气轮机制造厂商在引进、消化、吸收、创新过程中的实际 F 级燃气轮机转子动力学分析实例，并为国内首台自主研发的东汽 50 MW（F 级）燃气轮机做出了自己的贡献。该书从世界先进燃气轮机拉杆转子结构入手，基于结构完整性详细叙述了燃气轮机组合式转子的设计理念，分析了拉杆转子非线性动力学和典型 F 级燃气轮机机组轴系的转子动力学特性；最后,介绍了轮盘装配优化技术、转子瞬态热强度与低周疲劳寿命评估方法。

本书第 1～2 章由袁奇、李浦、刘昕编写;第 3 章由袁奇、李浦、达琦编写;第 4～5 章由袁奇、赵柄锡、刘洋编写。袁奇、李浦对全书进行了统稿和图表校对。

在本书的编写过程中,得到了西安交通大学能源与动力工程学院叶轮机械研究所师生的帮助和支持,特别感谢课题组已毕业的高进博士、刘洋博士、高锐博士、祁乃斌硕士、石清鑫硕士、欧文豪硕士、周祚硕士对本书内容所做的贡献。本书也得到了国家自然科学基金和 2020 年度国家科学技术学术著作出版基金的支持,西安交通大学出版社李颖编辑对本书的出版付出了辛勤劳动,在此一并表示衷心感谢。

由于作者水平有限,若有错误和不足,恳请读者批评指正。

著者

2020 年 12 月

目　录

第1章
绪　论

1.1　燃气轮机发展现状和趋势

　　燃气轮机是一种实现热功转换的高效、清洁的旋转动力机械,具有高功率密度、快速启动和燃料适用性广等优点,广泛应用于发电、舰船驱动和重型机车动力装备等领域。按照功率等级,可将燃气轮机分为微型燃气轮机(20 kW～350 kW)、小型燃气轮机(0.5 MW～2.5 MW)、工业燃气轮机(2.5 MW～15 MW)、航改燃气轮机(2.5 MW～50 MW)和重型燃气轮机(3 MW～480 MW)等[1]。随着能源问题日益凸显,环境保护的国际呼声越来越高,高效率、低排放的重型燃气轮机成为重要的发电设备。目前 250 MW 级别燃气轮机通常配置于燃气-蒸汽联合循环机组,运行模式分为带动基本负荷和调峰负荷,联合循环效率已超过 60%。例如,美国通用电气公司（GE）研发的 9HA 级燃气轮机于 2015 年首次在法国布尚(Bouchain)电厂运行,联合循环出力为 605 MW,并以 62.22% 的效率打破吉尼斯世界纪录[2],此外三菱公司的 M501J 型、西门子公司的 SGT5-8000H 级和阿尔斯通公司的 GT36 型重型燃气轮机机组的联合循环效率也已超过 60%。

　　作为高效清洁的发电动力设备,重型燃气轮机涉及高温材料、气动力学、强度振动以及传热学等多学科核心技术,被誉为制造业皇冠上的一颗明珠。国外燃气轮机制造企业经过数十年发展和技术储备,已拥有各种型式和功率等级的燃气轮机以及全尺寸试验电站,并通过专利保护进行技术封锁。例如,德国西门子公司(SIEMENS)在德国巴伐利亚州伊辛(Irsching)电站建立 H 级联合循环试验电站,进行性能测试和热效率评估等。此外,西方国家通过一系列研发计划(如美国的"先进 IGCC/H₂ 燃气轮机"项目)不断进行技术升级[3]。目前已形成以通用、西门子、三菱和阿尔斯通公司为主的重型燃气轮机产品体系,其重型燃气轮机发展趋势如图 1-1 所示,符号大小代表功率等级,可以看出随着透平入口燃气温度的不断升高,联合循环机组功率和效率不断增加,目前世界各大厂商最新 H 级燃气轮机联合循环效率均已超过 60%,并致力研制下一代高温、高效率和低排放的重型燃气轮机机组。

我国燃气轮机技术起步较晚,基础薄弱且缺乏研究经验,整体水平较西方落后20～30年。自2001年来通过联合招标,三大动力公司(哈尔滨汽轮机厂有限责任公司、东方汽轮机有限公司和上海电气电站设备有限公司)分别与美国通用电气公司(GE)、日本三菱重工(MHI)和德国西门子公司(SIEMENS)合作生产F级重型燃气轮机,以市场换技术积累了丰富的加工制造经验。但外方拒绝转让燃气轮机核心技术(包括热部件加工等),我国基本上没有形成自己的燃气轮机设计技术。为此,科技部在"十五"和"十一五"期间开展了针对燃气轮机关键技术基础研究的"973计划"专项和针对燃气轮机设计研制的"863计划"专项,在"十三五"规划中将"燃气轮机和航空发动机"列为重点研究项目。通过这些专项实施,提高了我国燃气轮机设计制造水平,进一步缩短了与世界先进水平的差距。高参数、高效率和低排放成为未来的发展趋势和要求,我国燃气轮机国产化仍然面临重大挑战和压力。因此,坚持燃气轮机关键技术研发和基础研究相结合,有针对性地开展应用研究和设计制造是我国下一阶段在该领域的主要技术路线[4]。

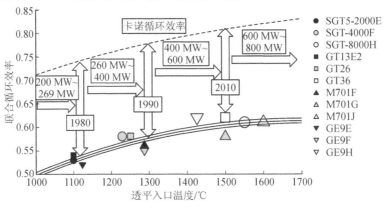

图1-1 重型燃气轮机的发展趋势图

1.2 重型燃气轮机的结构型式和特点

重型燃气轮机转子长期工作在高温、高压和高转速恶劣环境中,其结构不同于常规连续转子结构,在设计过程中需要综合考虑材料、换热、强度振动、装配维护和检修等方面[5]。具体而言,主要有以下因素[6]:

(1)压气机和透平部分气动通流设计,满足机组出力和效率要求;

(2)压气机和透平部分叶片载荷,即叶片离心力下的转子强度设计;

(3)冷却气体流道设计,保证热部件安全性和减小转子整体热应力;

（4）保证转子在复杂工况下动力学特性稳定、可靠传扭；

（5）运行转速区间的振动平稳性要求，即不平衡响应校核；

（6）故障状况下的转子整体性要求，保证机组设备安全；

（7）装配和检修的简易性和经济性。

自从 1939 年第一台工业燃气轮机诞生至今，组合式转子和结构改进优化使机组功率和效率不断提升。重型燃气轮机普遍采用鼓盘式组合转子结构，兼具盘式转子强度和鼓式结构刚度性能优良的特性。各级转子轮盘可以单独并行加工并装配成一个整体置于中分缸体内。组合转子轮盘数量一般等于压气机和透平级数之和，因此可以方便地通过改变轮盘数量调整功率等级而进行机组优化升级。实际上，重型燃气轮机公司新型机组研发均采用已有成熟机组按照模化准则进行结构比例缩放经优化后而生成。

转子轮盘之间的连接型式通常可分为可拆卸方式和不可拆卸方式。可拆卸连接方式即通过周向均布的拉杆（螺栓）或中心拉杆预紧形成一个整体，轮盘端面通过摩擦或端面齿（弧面 Gleason 齿或平面 Hirth 齿结构）传递力和扭矩，保证复杂载荷下转子整体的完整性。不可拆卸连接方式主要指焊接转子，通常对焊接工艺要求较高，在航空发动机转子和重型燃气轮机转子中广泛应用，如法国阿尔斯通公司（ALSTOM）的 GT26 燃气轮机。

现代发电机组广泛采用燃气-蒸汽联合循环，也决定了燃气轮机的转子结构设计和联轴器布置：为实现透平侧轴向排气从而减少能量损失，采用压气机端和发电机直接连接，即冷端驱动方式。这种布置方式具有能量利用率高、结构紧凑等优点，但转子承受扭矩大，压气机和透平连接段扭矩载荷最大，在转子设计时需要重点考虑。

综上所述，转子结构设计是一个复杂的多学科耦合优化问题。目前全球燃气轮机主要企业（如西门子、通用电气和三菱等）均采用组合式转子结构，以下部分将以各企业具体型号的燃气轮机为例介绍其设计理念和结构特点。

1.2.1　周向拉杆转子的结构特点

1.2.1.1　通用公司燃气轮机转子的结构特点

通用公司一直采用周向拉杆转子结构并沿用至今，如图 1-2 所示为 GE9FA 拉杆转子结构的二维剖面图，由前轴头、18 级压气机轮盘、中间过渡轴段、3 级透平轮盘（包括级间隔环）和后轴头组成，压气机和透平部分的各级轮盘由周向均布的长拉杆和短拉杆预紧连接，通过端面摩擦力传递力和力矩：压气机周向均布 15 根长拉杆，中间过渡轴段由周向均布的 30 个螺栓连接，中间轴和透平第一级、透平第一、二级和第二、三级之间分别由周向均布的 24 根、24 根和 18 根短拉杆预紧连接。压气机各级轮盘通过中心止口定位，整体转子采用双支承结构，压气机侧采用径向推力联合轴承,透平侧采用径向滑动轴承。

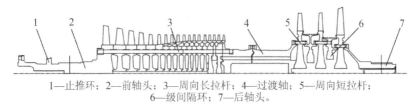

1—止推环;2—前轴头;3—周向长拉杆;4—过渡轴;5—周向短拉杆;
6—级间隔环;7—后轴头。

图 1-2　GE9FA 燃气轮机拉杆转子结构示意图

通用电气 H 级燃气轮机结构如图 1-3 所示,转子部分由前轴头、17 级压气机轮盘、4 级透平和后轴头组成,压比相对于 F 级由 15 提高到 23,使其联合循环效率提升到 62%。

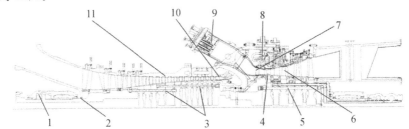

1—冷端驱动;2—压气机轴承;3—压气机周向拉杆;4—蒸汽冷却叶片;5—透平周向拉杆;
6—透平叶片;7—第一级单晶静叶;8—叶片间隙控制;9—燃烧室;
10—三通道扩压器;11—压气机。

图 1-3　GE 某 H 级燃气轮机结构示意图

在结构方面,H 级相对于 F 级改变较大,尤其是在转子结构的改动方面。从图中可以看出,H 级燃气轮机在压气机部分采用周向双拉杆结构,以适应压气机通流布置,透平部分不同于 F 级短拉杆结构,采用周向长拉杆。由于压气机部分采用双拉杆结构,使得制造和装配更为复杂。在进行转子动力学分析时,需要考虑如何施加预紧力以及双拉杆结构对转子刚度的影响。由于压气机部分和透平部分都依靠轮盘接触面传递扭矩,因此需要考虑双拉杆结构预紧力对轮盘接触面刚度的影响。

1.2.1.2　三菱公司燃气轮机转子的结构特点

三菱公司采用周向拉杆转子和透平弧形端面齿盘的连接型式,其 M701F 重型燃气轮机转子结构如图 1-4 所示,由前轴头、17 级压气机轮盘、中间连接段、4 级透平轮盘和后轴头组成,压气机前 3 级轮盘和前轴头以整体方式锻造成为一体,后 14 级轮盘通过周向均布的 12 根拉杆预紧连接,同时在轮盘接触面拉杆孔之间设置了 6 个径向骑缝销钉保证机组的整体性和安全性,通过轮盘接触面摩擦力和径向销传递扭矩;4 级透平轮盘也由周向均布的 12 根拉杆预紧连接成为一个整体,通过轮盘间的弧形端面齿（Gleasen 齿）定位和传扭，端面齿配合间隙为冷却空气提供通道，有效减小机组热应力。压气机侧轴承由 8 根径向支杆支持，透平侧轴承由 6 根可保持中心和吸收热膨胀的切向杆支撑，整体仍采用两支点支撑和缸体水平中分面型式。

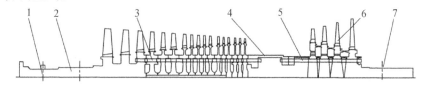

1—止推环；2—前轴头；3—压气机拉杆；4—连接段；5—透平侧拉杆；6—透平叶片；7—后轴头。

图 1-4　三菱公司 M701F 型燃气轮机结构示意图

　　为开发新型高性能燃气轮机，基于已有 F 级（1350℃）和 G 级（1500℃）机组设计运行经验，三菱公司于 2004 年开展"1700℃超高温燃气轮机部件技术研发"项目（包括高性能压气机、不稳定燃烧控制技术、高性能透平技术、高效冷却技术、超高温下强度估计技术、先进热涂层技术、先进加工技术和高精度高功能检测技术）[7]，并推出新一代 1600℃的 J 级燃气轮机机组，即 M501J（60 Hz），M701J（50 Hz）和 M501JAC（60 Hz）型号[8]。

　　M501J 型燃气轮机结构如图 1-5 所示，由前轴头、15 级压气机轮盘、中间连接段、4 级透平轮盘和后轴头组成，整个转子设计基于 F 级和 G 级燃气轮机结构，采用双支承和冷端驱动，以实现透平轴向排气。压气机轮盘和透平轮盘由周向拉杆预紧连接，分别通过平面摩擦和弧形端面齿传递扭矩。压气机压比从 F 级的 17 增加到 23，前四级静叶可调。透平入口温度从 G 级 1500℃增加到 1600℃，同时 NO_x 排放进一步降低。透平部分 4 级动、静叶片分别采用压气机抽气进行冷却。M501J 联合循环机组于 2011 年在日本"T-point"试验电站进行试运行以测试各个部件的性能参数。M501JAC 型是基于 M501J 机组，采用空气冷却燃烧室型式的改进型号。

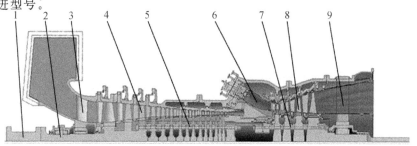

1—冷端驱动；2—压气机侧轴承；3—进口可调导叶；4—压气机动叶；5—周向拉杆；
6—燃烧室；7—周向拉杆；8—透平动叶；9—排气扩压段。

图 1-5　三菱公司 M501J 燃气轮机结构示意图

1.2.2 中心拉杆转子的结构特点

西门子公司的燃气轮机采用中心拉杆和全转子 Hirth 齿盘结构,如图 1-6 所示为 V94.3A 燃气轮机结构示意图,转子由前轴头、15 级压气机轮盘、3 级扭力盘、4 级透平轮盘和后轴头组成,整个转子由中心拉杆预紧连接,即中心拉杆穿过各级轮盘和前后轴头通过螺纹连接,拉杆孔尺寸需要通过综合考虑轮盘强度和冷却空气通道确定,此外根据轴向位置设计的阻尼元件用以抑制拉杆振动和调节频率。各级轮盘之间通过端面齿(Hirth 齿)定位和传扭。相比周向拉杆结构,中心拉杆温度水平低,离心力载荷和热载荷相对较小,但承受轴向预紧力较大,轴头螺纹结构需要特殊强度设计以满足转子整体性要求。总结数十年积累的实际运行经验,中心拉杆预紧和端面齿盘传扭结构在额定工况和电网冲击下经受检验而成为一种成功可靠的燃气轮机转子结构型式。冷却空气通过端面齿间隙和内部中空通道(压气机第 11 级和第 13 级抽气通道),在冷态启动工况下转子轮盘换热更加迅速,从而有效降低轮盘热应力。

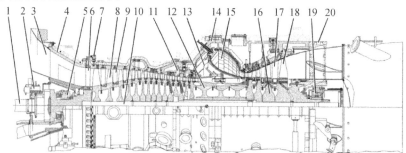

1—中间轴;2—盘车装置;3—进气管道;4—压气机轴承壳体;5—径向推力联合轴承;
6—可调进口导叶;7—调节系统;8—压气机动叶;9—压气机静叶;10—中心拉杆;
11—静叶持环;12—扭力盘;13—出口扩压器;14—外机匣;15—燃烧室;
16—透平转子轮盘;17—透平静叶;18—透平动叶;19—透平侧轴承;20—透平侧支承壳体。

图 1-6 西门子 V94.3A 燃气轮机结构示意图

基于 V94.3A 机组(F 级)和西屋 W501F 机组的结构设计经验,西门子于 2000 年首次提出 H 级燃气轮机的研发计划,该机组已在德国巴伐利亚州伊辛电站完成联合循环试运行,其结构示意见图 1-7。H 级燃气轮机转子由前轴头、13 级压气机轮盘、3 级扭力盘、4 级透平轮盘和后轴头组成,延续了之前 F 级中心拉杆和 Hirth 齿的传扭结构,但压气机是在原西屋 W501F 压气机设计的基础上改进而得到的,主要沿用西屋公司压气机的三维叶片气动设计、前轴头和透平中间连接环的结构设计等,并且采用超低 NO_x(ULNO$_x$)排放的环形燃烧室。透平部分由四级轮盘和级间圆环组成,和通用公司的 F 级燃气轮机透平部分类似。由此可见,H 级燃气轮机主要借鉴已有机组结构进行改进升级而成,依旧沿用中心拉杆和 Hirth 齿盘转子理念,也是西门子燃气轮机的主要特点。

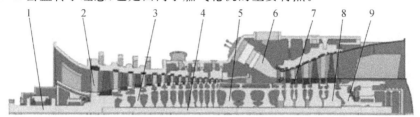

1—前轴头；2—可调导叶；3—压气机轮盘；4—中心拉杆；5—三级扭力盘；6—燃烧室；
7—透平静叶持环；8—透平轮盘；9—后轴头。

图 1-7　西门子 SGT5-8000H 燃气轮机结构示意图

1.2.3　焊接组合式转子的结构特点

阿尔斯通公司生产的燃气轮机转子是典型的焊接式结构,如图 1-8 所示为其 GT26 燃气轮机转子示意图。转子部分由前轴头、22 级压气机、2 级燃烧室、中间连接段、1 级高压透平和 4 级低压透平组成。可以看出,各级实心轮盘通过焊接连接,转子无拉杆孔和内部冷却通道,应力水平低,强度性能好。此外该转子采用顺序式布置燃烧室和再热循环,能够有效提高循环效率。

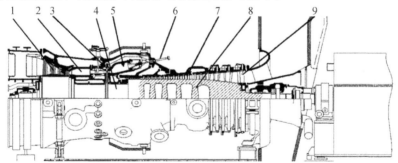

1—4级低压透平；2—SEV燃烧室；3—高压透平叶片；4—实心连接段；5—EV燃烧室；
6—伸缩式燃料枪；7—压气机；8—焊接转子轮盘；9—可调导叶。

图 1-8　阿尔斯通 GT26 燃气轮机结构示意图

意大利安萨尔多公司(ANSALDO)基于 GT26 结构研发的新机型 GT36 如图 1-9 所示,由 15 级压气机(4 级可调导叶)、CPSC(Constant Pressure Sequential Combustion)燃烧室(60/50 Hz,12/16 个燃烧筒)、4 级透平组成。GT36 的 CPSC 顺序燃烧室可以看作是 GT26 连续燃烧概念的升级,预混燃烧室和顺序燃烧室直接串联布置,因此 GT26 的再热燃烧室和高压透平级被两级等压力燃烧室所取代。GT36 通过对燃烧室改进和通流部分优化,可以进行运行模式的切换(高效率模式和长寿命模式),达到经济性最优,联合循环效率为 62.6%。目前安萨尔多公司和上海电气合作并将在上海进行技术开发和机组建设。

综上所述,重型燃气轮机业务目前主要被通用、西门子、三菱和安萨尔多所垄断,上海电气和安萨尔多基于阿尔斯通 F 级机组 GT26 共同研发新型 H 级燃气轮机 GT36。燃气轮机转子型式主要为拉杆组合式和焊接组合式转子,拉杆组合式转子兼顾转子重量和结构强度,同时方便组装和运行维护,焊接转子采用实心轮盘焊接而成,无内部冷却通道,因此应力集中程度小,而且转子热应力低。两种转子型式经过几十年技术改进和市场考验,都是十分成熟的复杂组合式转子。

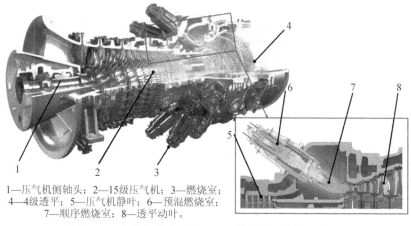

1—压气机侧轴头; 2—15级压气机; 3—燃烧室;
4—4级透平; 5—压气机静叶; 6—预混燃烧室;
7—顺序燃烧室; 8—透平动叶

图 1-9　安萨尔多公司的 GT36 燃气轮机结构示意图

1.3　燃气轮机转子动力学分析

拉杆转子刚度准确模化是动力学分析的基础,与传统整锻式转子不同,燃气轮机大都采用拉杆组合式转子,考虑到冷却空气布置和整体刚度特性,不仅其几何结构十分复杂,而且具有众多非连续接触界面,典型燃气轮机转子动态响应如图 1-10 所示,水平和垂直两个振动信号均在临界转速附近出现波谷然后迅速增加,这可能是由于接触界面装配导致的复杂初始弯曲引起的。因此转子模化需要同时考虑复杂结构和接触界面刚度特性,具体内容详见本书第 2 章。

燃气轮机转子是典型的高速旋转系统,动力学分析通常包括临界转速和不平衡响应分析。临界转速即转子在缓慢升速过程中响应幅值出现峰值时对应的转速,对应转子各阶弯曲固有频率。临界转速不仅取决于转子本体的相关参数(长径比、密度、弹性模量等),而且和支承刚度密切联系,V94.3A 燃气轮机转子前三阶弯曲的固有频率和支承刚度的变化曲线如图 1-11 所示,随着支承刚度增加,转子的弯曲固有频率随之增加并趋于稳定。轴系包括发电机、汽轮机、联轴器。多支承刚度、阻尼特性导致各阶临界转速更加复杂,详见本书第 3 章内容。

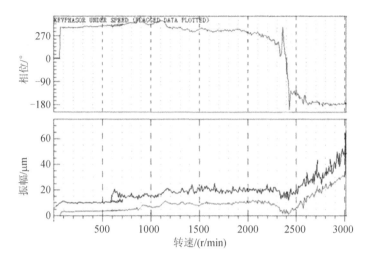

图 1-10　某 F 级燃气轮机 1#轴承的启动过程测试振动及相位图[9]

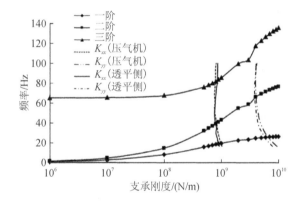

图 1-11　V94.3A燃气轮机转子的弯曲固有频率随支承刚度的变化曲线

　　不平衡响应通过在转子各部分添加不平衡激励分析稳态响应,衡量转子临界转速的响应峰值和 Q 因子,校核转子安全性。在升速过程中,不平衡力是转速的二次方(见图 1-12),不平衡响应在临界转速处的峰值明显高于二次方响应,实际运行中通过加速方法使转子响应保持在较小幅值甚至不出现峰值。此外,实际机组通常在超运行转速 20% 区间出现响应幅值显著增加的现象,可能原因为临界转速避开率不够,因此现场运行时通过分析升速至 110% 额定转速的振动测量信号(如振幅放大因子)以评估转子稳定性。如图 1-12 所示,$\dfrac{A(\Omega_{B2})}{A(\Omega_{B1})} > \left(\dfrac{\Omega_{B2}}{\Omega_{B1}}\right)^2$,所以临界转速 $\Omega_{r1} > \Omega_{B2}$。

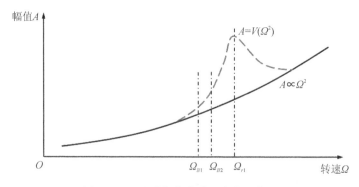

图 1-12 不平衡力激励和响应示意图

1.4 燃气轮机转子动平衡和装配参数优化

实际转子由于受到设计问题、材料缺陷以及加工、装配误差等因素影响,会产生不平衡量,运行时使转子系统振动加剧。当不平衡量超过许可范围时,为保证机组安全运行需要对转子或者部件进行平衡,通常在一个或多个特定平面内添加或去除合适的质量,以减小不平衡量分布导致的离心力和离心力矩。根据不平衡所产生离心惯性力的等效形式,可以将不平衡分为静不平衡和偶不平衡(或力矩不平衡)。前者对应的离心惯性力可以等效为过质心的合力,后者对应的离心惯性力可以等效为一个力偶。任意不平衡均可以等效为两者的组合。

从平衡的角度出发,转子分为刚性转子和柔性转子,两者的区别在于平衡时是否考虑转子的挠曲变形。由此造成两类转子的平衡方式有很大差别,后者由于考虑到转子运转时的挠曲变形,平衡时要复杂得多。对于刚性转子,一般采用两平面平衡法(见图 1-13);柔性转子则采用影响系数法、振型平衡法等方法(见图1-14)。实际平衡时,通常根据转子运行转速与一阶临界转速的关系对转子类型进行划分,来选取适当的平衡方法。一般当转速高于一阶临界转速时,转子可视为柔性转子,否则视为刚性转子。

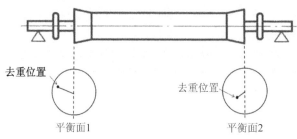

图 1-13 刚性转子的两平面平衡法

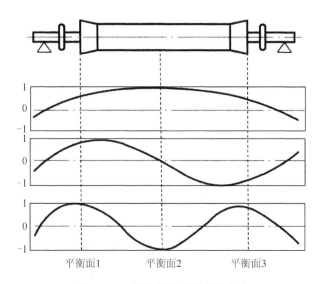

图1-14 柔性转子的振型平衡法

燃气轮机拉杆转子(简称拉杆转子)由于其复杂的组合式结构,对转子各部件的加工精度要求较高,而实际制造中加工误差不可避免。轮盘加工过程中会产生一定平行度偏差,当装配拉杆转子时,多级轮盘的平行度偏差累积,使拉杆转子产生复杂的初始弯曲(见图1-15),转子的中心惯性主轴偏离其旋转轴,对其动力学特性会产生影响。同时,由于初始弯曲和不平衡质量激发的转子振动特征较为相似,难以对振动原因进行分辨,从而增加了动平衡难度。考虑到拉杆转子各级轮盘在安装时都有一定的相位角,对于已加工好的各级轮盘,组合后拉杆转子的初始弯曲和不平衡质量的空间分布仅取决于各级轮盘装配的相位角。因此,可通过调整

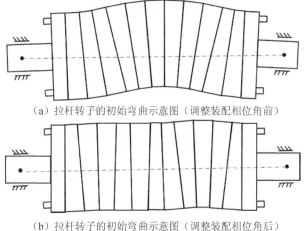

(a)拉杆转子的初始弯曲示意图(调整装配相位角前)

(b)拉杆转子的初始弯曲示意图(调整装配相位角后)

图1-15 拉杆转子装配相位角对初始弯曲的影响

各级轮盘装配角,优化拉杆转子的初始弯曲和不平衡质量分布,进而改善转子的动力学特性,降低转子系统的振动及动平衡难度。本书将在第 4 章详细介绍转子动平衡方法以及针对燃气轮机转子复杂初始弯曲的动平衡优化方法。

1.5　燃气轮机转子应力分析和寿命评估

　　重型燃气轮机转子结构复杂,同时服役于高温、高压和高转速环境。在高温、高压和高转速环境下,转子承受较大的热应力、离心力和气动力等载荷,同时由于受到振动、腐蚀、氧化等因素综合作用,易萌生裂纹,对转子安全运行产生影响。随着燃气轮机技术快速发展,其单机功率及入口燃气温度不断提高,对于燃气轮机的安全性和可靠性要求也越来越高。高温、高压、高转速的运行条件,启动、停机和变负荷中温度的变化以及蠕变-疲劳交互作用都可能会导致燃气轮机部件断裂失效。因而对燃气轮机转子进行热弹性分析,研究转子在稳态正常工作下及各种启停工况下的温度场及应力场变化规律,以及疲劳寿命损耗情况,可以为燃气轮机及其联合循环机组的实际运行提供参考,对我国具有自主知识产权的燃气轮机设计制造技术的发展具有重要意义。

　　根据蒸汽-燃气联合循环机组的运行模式,通常可分为基本负荷和调峰负荷。调峰负荷允许机组多次启停,每次运行时间短,因此在燃气轮机转子强度分析中主要考虑启停机热负荷(瞬态温度场)。基本负荷即机组稳定运行,启停次数少,强度分析中主要考虑离心力载荷和热载荷下的蠕变作用。一般而言,新机组首先按照基本负荷模式运行,当机组状态不能满足最佳工况后可用于带动调峰负荷。根据应力产生机理可分为一次应力和二次应力,一次应力指满足静力平衡方程产生的内力,如离心力载荷和重力载荷产生的应力。二次应力即满足变形约束条件产生的应力,如温度应力。燃气轮机转子轮盘的应力可分解为轮盘离心应力、叶轮外载荷(轮缘叶片离心力)和温度应力。对于复杂结构轮盘通常采用有限元方法进行分析。

　　燃气轮机在启动及停机过程中,转子会受到拉压交互变化的热应力的影响。在启动过程中,气流的温度不断升高,转子被加热,其材料会受热膨胀,转子外表面的温度随气流升高较快,而内径处的金属温度变化较慢,形成内外温差,转子表面受到压应力;而停机过程与启动过程正好相反,气流温度不断降低,转子温度变化较慢,因而被气流冷却,同样在轮盘上将形成内外温差,致使转子表面受到拉应力。在启动和停机过程中的拉应力及压应力均是随时间不断变化的,因而每启动及停机一次,转子表面都将经历一次拉伸和一次压缩,在这种拉压交变应力作用下,经过一定次数的启停过程,转子表面就可能在应力幅值变化较大的点处出现疲劳裂纹,且该裂纹随着启停次数的增加将不断扩展,以致转子断裂。燃气轮机转子所受的拉压交变应力与汽轮机转子类似,其特点是交变周期长、频率低、疲劳裂纹萌生的循环次数少,因而称为低周疲劳。本书第 5 章将对燃气轮机拉杆转子低周疲劳寿命损耗进行介绍。

1.6　本书章节构成

综合以上内容,按照功能设计和寿命设计理念,本书章节构成如图 1-16 所示。

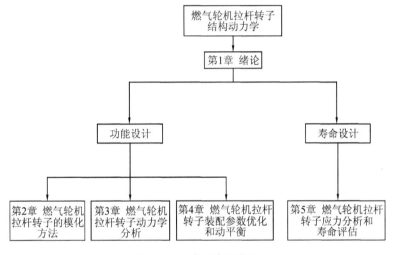

图 1-16　本书章节构成

参考文献

[1] BOYCE M P. Gas turbine engineering handbook[M]. New York：Elsevier, 2011.

[2] VANDERVORT C，WETZEL T，LEACH D. Engineering and validating a world record gas turbine [J]. Mechanical engineering magazine select articles，2017，139(12)：48-50.

[3] 翁一武,闻雪友,翁史烈. 燃气轮机技术及发展[J]. 自然杂志,2017,(1)：43-47.

[4] 刘红,蔡宁生. 重型燃气轮机技术进展分析[J]. 燃气轮机技术,2012,25(3)：1-5.

[5] 袁奇,高进,李浦,等. 重型燃气轮机转子结构及动力学特性研究综述[J]. 热力透平,2013,(4)：294-301.

［6］LECHNER C，SEUME J. Stationäre Gasturbinen［M］. Berlin：Springer，2010.

［7］ISHIZAKA K，SAITOH K，ITO E，et al. Key Technologies for 1700 ℃ class ultra high temperature gas turbine［J］. Mitsubishi heavy industries technical review，2017，54(3)：23 － 25.

［8］HADA S，TAKATA K，IWASAKI Y，et al. High-efficiency gas turbine development applying 1600 ℃ class "J" technology［J］. Mitsubishi heavy industries technical review，2015，52(2)：2 － 3.

［9］徐自力，张明书，景敏卿，等. 某 F 级重型燃气轮机盘式拉杆转子动力特性的测试及评估［C］//第 9 届全国转子动力学学术讨论会 ROTDYN′2010. 贵阳，2010.

第 2 章
燃气轮机拉杆转子的模化方法

2.1 拉杆转子模化

2.1.1 概述

重型燃气轮机和航空发动机转子通常采用拉杆组合式结构。对拉杆转子进行动力学分析时需要把原转子结构按刚度、质量等效,建立相应的计算模型,称为模化。表 2-1 列出了转子模化常用的各种单元及其适用范围。为了提高计算效率,工程中采用梁单元模化转子系统,经典的梁单元模型误差主要来自:① 拉杆转子中的截面突变,如阶梯轴段和耳轴段[1];② 拉杆转子的轮盘间存在大量的接触面削弱了转子的刚度[2];③ 给定的转子材料物理参数(弹性模量、密度和泊松比)与实际情况存在偏差。消除截面突变带来的误差,可以直接采用谐波单元[3,4]、周期对称单元[5]或实体单元[6]来模化转子。然而,三维单元模型计算效率低且耗时严重,难以应用于计算效率要求高或需要大量重复计算的工作,如转子系统有限元模型修正[7]或基于模型的故障诊断[8-10]。为了兼顾模型精度和计算效率,可以采用梁单元模型,通过 45 度等效刚度法进行刚度修正[11],但精度不高,等效的梁单元模型与实际的转子有偏差。本书采用应变能法准确计算界面突变处刚度并引入弹簧连接单元对截面突变和接触界面的刚度削弱进行模化,以保证转子的几何结构与实际转子的一致性;并且进一步基于模态实验,采用灵敏度分析的模型修正方法发展拉杆转子精确建模方法[12]。

表 2-1 转子模化的单元类型及其适用范围[13]

单元类型	转动惯量	陀螺效应	剪切变形	轴对称	非轴对称	截面突变
瑞利梁单元	√	√	×	√	×	×
铁摩辛柯梁单元	√	√	√	√	×	×
二维轴对称单元	√	√	√	√	×	√
三维实体单元	√	√	√	√	√	√

2.1.2 截面突变处的刚度模化

2.1.2.1 45 度等效刚度法

要准确地模化实际转子系统,就要使得离散单元的动能、势能与原系统相对应的部分相同,具体表现在离散系统的惯性量、刚度和阻尼与原连续系统一致。

长期的工程实践证明,叶轮顶部的材料对弯曲刚度贡献较小,因而形成了一种常用的估算转子轴段等效刚度直径的方法——45 度等效刚度法,也经常简称为 45 度法。

工程中通常采取 45 度法对阶梯轴、轮盘局部刚度进行修正,如表 2-2 所示。常用方法有圆柱形和圆锥形梁修正方法[14],基本思路为通过改变局部结构的弹性模量改变刚度参数,从而修正由于梁单元模型基本假设所带来的误差。大量实践证明,采用 45 度法模拟相对简单的转子结构是可行的,操作简单且精度满足工程计算要求。作者团队在长期应用 45 度法后也总结出一些相应的模化经验,如转子分段需要考虑所关心的模态阶数,分段数应大于所提取模态数的 4 倍,分段长径比小于 1 等。随着有限元方法的发展,于军采用有限元软件 ANSYS 证明了 45 度法过高地估计了阶梯轴在过渡处的弯曲刚度,并采用最小二乘法得到一定直径变化范围内的拟合公式[15]。但拟合公式只是针对实心阶梯轴结构,且有一定的直径适用范围要求。

表 2-2 刚度内、外径的计算(45 度等效刚度法)

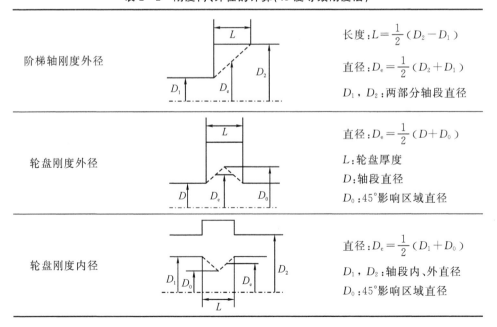

阶梯轴刚度外径	长度:$L = \frac{1}{2}(D_2 - D_1)$ 直径:$D_e = \frac{1}{2}(D_2 + D_1)$ D_1,D_2:两部分轴段直径
轮盘刚度外径	直径:$D_e = \frac{1}{2}(D + D_0)$ L:轮盘厚度 D:轴段直径 D_0:45°影响区域直径
轮盘刚度内径	直径:$D_e = \frac{1}{2}(D_1 + D_0)$ D_1,D_2:轴段内、外直径 D_0:45°影响区域直径

质量外径的计算:

质量外径按照质量相等的原则进行模化计算。对于光轴段,质量外径即为几何外径,下面在阶梯轴段或空心轮盘处,首先计算出该轴段的质量 m,然后根据质量相等的原则计算出该轴段的质量外径。

2.1.2.2　应变能等效刚度直径法

考虑弹性体在外力作用下缓慢加载,若物体的动能以及因弹性变形所引起的热效应忽略不计,则外力在变形过程中所做的功全部转化为变形位能储存在弹性体内,弹性变形是一个没有能量耗散的可逆过程。

在线弹性范围内受扭转时,转矩 T 和扭转角成正比,扭转应变能为

$$U_{t} = \int_{l} \frac{T^{2}(x)\mathrm{d}x}{2GI_{p}(x)} \tag{2-1}$$

当扭矩和截面不变时,式(2-1)可表达为

$$U_{t} = \frac{T^{2}l}{2GI_{p}} \tag{2-2}$$

在线弹性范围内纯弯曲等截面梁的力偶 M 和自由端截面弯曲转角 θ 成正比,梁的弯曲变形能为

$$U_{b} = \int_{l} \frac{M^{2}(x)\mathrm{d}x}{2EI(x)} \tag{2-3}$$

当弯矩和截面沿轴向不变时,式(2-3)可表达为

$$U_{b} = \frac{M^{2}l}{2EI} \tag{2-4}$$

当转子一端固定,另一端加载一恒定弯矩 M 时,转子总长为

$$L = L_{1} + L_{2} + L_{3} + \cdots + L_{n} \tag{2-5}$$

转子总应变能为

$$U = U_{1} + U_{2} + U_{3} + \cdots + U_{n} \tag{2-6}$$

将各个轴段等效为等直径圆轴,载荷和截面沿轴向不变,弯曲应变能为

$$U_{bi} = M^{2}L_{i}/2EI \tag{2-7}$$

轴段弯曲刚度为

$$EI = \frac{1}{64}E\pi D_{be}^{4} \tag{2-8}$$

将各个轴段等效为等直径圆轴,载荷和截面沿轴向不变,扭转应变能为

$$U_{ti} = T^{2}L_{i}/2GJ \tag{2-9}$$

轴段扭转刚度为

$$GJ = \frac{1}{32}G\pi D_{te}^{4} \tag{2-10}$$

联立式(2-7)和式(2-8),可得等效弯曲刚度直径为

$$D_{be} = (32M^2 L_i/E\pi U_{bi})^{0.25} \qquad (2-11)$$

联立式(2-9)和式(2-10),等效扭转刚度直径为

$$D_{te} = (16T^2 L_i/G\pi U_{ti})^{0.25} \qquad (2-12)$$

式中,E 为材料弹性模量,单位为 Pa;I 为截面惯性矩,单位为 m⁴;G 为材料剪切模量,单位为 Pa;J 为极惯性矩,单位为 m⁴。

采用有限元计算得到各段转子应变能,由式(2-11)和式(2-12)可得各段的弯曲刚度直径和扭转刚度直径。

2.1.2.3 应变能零长度连接单元法

工程中一般通过等效刚度直径法对几何截面突变处的刚度进行修正,等效刚度直径 D_e 和等效轴段长度 L_e 通过经验法(如 45 度法)或有限元法计算。然而,等效刚度直径法有如下的缺点:① 等效刚度直径 D_e 取决于等效轴段长度 L_e 的选取,当 L_e 的值太大会严重改变转子本身的刚度分布,且不满足刚度削弱这一局部特性,这会导致修正轴段刚度灵敏度高的模态振动特性误差大,虽然减小 L_e 的值有助于满足刚度削弱的局部性并保持转子本身的刚度分布,但 L_e 的值过小会使梁单元的长径比过小,给数值计算带来问题;② 由于在分析弯曲振动、扭转振动和轴向振动时,其对应的等效刚度直径并不相同,无法通过单一的梁单元模型模拟所有的三种振动;③ 在分析弯曲振动时,需要同时考虑弯曲刚度和剪切刚度,而等效的弯曲刚度和剪切刚度直径并不一定相同,所以无法同时准确地考虑弯曲刚度和剪切刚度的削弱;④ 等效刚度直径和相应的质量直径并不相同,所以在分析时需要分别给出刚度直径和质量直径;⑤ 在需要对转子有限元模型进行修正时,直接修正等效刚度直径需要反复修改模型,计算效率低。

为了克服等效刚度直径法的上述缺点,可采用零长度连接单元等效几何截面突变处的刚度削弱(零长度连接单元法),如图 2-1 所示,该方法没有改变转子的刚度分布,且零长度连接单元包含了各种振动分析所需的刚度参数,可以更加准确、高效地分析转子动力学特性。零长度连接单元的刚度参数(弯曲刚度、剪切刚

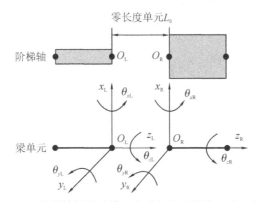

图 2-1 阶梯轴梁单元模型中零长度连接单元及坐标系

度、抗扭刚度和轴向刚度)可通过应变能法计算确定。

几何截面突变处零长度单元的刚度参数(弯曲刚度、抗扭刚度和轴向刚度)可通过有限元法计算。如图 2-2 所示的阶梯轴段,轴段在外载荷(弯矩、扭矩、轴向力)作用下,在几何截面突变处的局部变形主要位于截面直径较大的轴段,且只会影响很小的区域。

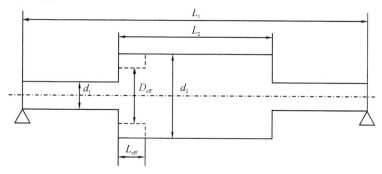

图 2-2　阶梯轴模化示意图

以弯曲刚度为例,当有限元计算得到的局部变形影响的轴段长度为 L_e,在弯矩 M 的作用下,其总弯曲刚度 K_b 为

$$K_b = \frac{M^2}{2U_b} \qquad (2-13)$$

式中,U_b 为变截面轴段加载弯矩 M 时的弹性应变能,通过三维有限元法计算,轴段的应变能为轴段内所有单元应变能的和,单元的应变能 U_e 为

$$U_e = \frac{1}{2} \sum_{i=1}^{NINT} \boldsymbol{\sigma}^T \boldsymbol{\varepsilon}^e V_i \qquad (2-14)$$

式中,NINT 为单元积分点数目;$\boldsymbol{\sigma}$ 为单元应力向量;$\boldsymbol{\varepsilon}^e$ 为单元弹性应变向量;V_i 为单元第 i 个积分点的体积。

由于 K_b 等于轴段本身的弯曲刚度 K_d 和截面突变处的弹簧连接单元刚度 K_c 的串联刚度值,则

$$K_c = \left(\frac{1}{K_b} - \frac{1}{K_d} \right)^{-1} \qquad (2-15)$$

式中,$K_d = EI_2/L_e$,为轴段 L_e 本身的弯曲刚度,其中 E 为弹性模量,I_2 为轴段截面惯性矩。而抗扭和轴向刚度的计算方法相同,不再赘述。

下面给出拉杆转子中包含几何截面突变轴段的模化算例。阶梯轴转子(见图 2-2)的几何物理参数见表 2-3,弯曲和扭转变形时其几何截面突变处各种模化方法的刚度参数见表 2-4,其中等效刚度直径法通过设定 D_{eff} 为 d_1 而求取 L_{eff}。

表 2 - 3　阶梯轴转子的结构参数

轴总长 L_1/m	大轴长 L_2/m	小轴直径 d_1/m	大轴直径 d_2/m	弹性模量 E/GPa	密度 $\rho/$ $(\mathrm{kg/m^3})$	泊松比 ν
1.0	0.4	0.1	0.3	200	7850	0.3

表 2 - 4　阶梯轴几何截面突变处的刚度模化参数

模化方法	弯曲变形			扭转变形		
	$L_{\mathrm{eff}}/\mathrm{m}$	$D_{\mathrm{eff}}/\mathrm{m}$	$K_c/(\mathrm{N \cdot m/rad})$	$L_{\mathrm{eff}}/\mathrm{m}$	$D_{\mathrm{eff}}/\mathrm{m}$	$K_c/(\mathrm{N \cdot m/rad})$
应变能等效刚度直径法	0.0228	0.1 （等于 d_1）	—	0.0148	0.1 （等于 d_1）	—
应变能零长度连接单元法	—	—	4.31×10^7	—	—	5.10×10^7
45 度法	0.1	0.2	—	0.1	0.2	—

在自由边界条件下,以三维有限元方法计算结果为参考值,通过各模化方法计算得到该阶梯轴转子前 4 阶弯曲振动和扭转振动的模态频率和相对误差如表 2 - 5 和表 2 - 6 所示。

表 2 - 5　阶梯轴转子前 4 阶弯曲振动模态频率的计算值

模化方法	频率/Hz				相对误差/%			
	1 阶	2 阶	3 阶	4 阶	1 阶	2 阶	3 阶	4 阶
三维有限元法	669.74	876.73	3158.72	3437.90	—	—	—	—
应变能等效刚度直径法	622.65	875.84	2998.00	3333.60	−6.91	−0.06	−5.16	−3.15
应变能零长度连接单元法	671.65	878.28	3215.60	3512.30	0.29	0.18	1.80	2.16
45 度法	722.70	956.81	2945.50	3543.30	7.91	9.13	−6.75	3.07

表 2 - 6　阶梯轴转子前 4 阶扭转振动模态频率的计算值

模化方法	频率/Hz				相对误差/%			
	1 阶	2 阶	3 阶	4 阶	1 阶	2 阶	3 阶	4 阶
三维有限元法	2458.94	2539.57	3941.76	7444.95	—	—	—	—
应变能等效刚度直径法	2426.60	2492.00	3760.90	5159.40	−1.32	−1.87	−4.59	−30.70
应变能零长度连接单元法	2456.88	2498.63	3939.69	7365.22	−0.08	−1.61	−0.05	−1.07
45 度法	2574.20	2620.30	3942.60	7600.90	4.69	3.18	0.02	2.09

以三维有限元法计算得到的模态频率为参考值,应变能零长度连接单元法计算所得的各阶模态频率的相对误差最小,说明该模化方法和计算刚度参数的方法是可靠的。而在使用其他方法得到的结果中,等效刚度直径法相对误差较小,45度法误差较大,说明 L_e 值应足够小才能保证几何截面突变处刚度的模化精度,其中 45 度法精度不高。

2.1.3　拉杆转子平面接触界面的刚度模化

2.1.3.1　平面接触界面弯曲刚度模化

图 2-3 所示为典型的接触面为平面的两个拉杆转子轮盘。轮盘受到预紧力和弯矩,当弯矩足够大时,轮盘接触面的部分区域会脱开。整个轮盘接触段的弯曲刚度 K_{bp} 由以下三部分组成:①单个轮盘本身的弯曲刚度 K_d;②轮盘间粗糙接触层的弯曲刚度 K_{cc};③轮盘间由于局部接触区域脱开,剩余接触面的弯曲刚度为 K_{cf}。

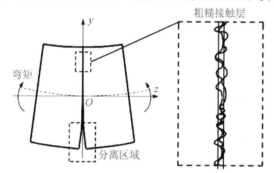

图 2-3　拉杆转子接触界面的轴段结构

$$K_{bp} = \left(\frac{1}{K_d} + \frac{1}{K_{cc}} + \frac{1}{K_{cf}} \right)^{-1} \qquad (2-16)$$

上式后两项为接触层的等效弯曲刚度 K_c,即

$$K_c = \left(\frac{1}{K_{cc}} + \frac{1}{K_{cf}} \right)^{-1} \qquad (2-17)$$

1. 轮盘间粗糙接触层的弯曲刚度 K_{cc}

对于给定的接触面,粗糙接触层单位面积的法向刚度 k_N 是接触面名义压力 p 的函数:

$$k_N = f_k(p) \qquad (2-18)$$

则 K_{cc} 可表示为

$$K_{cc} = \iint_A k_N y^2 \, dA = \iint_A f_k(p) y^2 \, dA \qquad (2-19)$$

式中,A 为接触界面的面积。实际拉杆转子中接触面一般为单个或多个同心的环面,如图 2-4 所示,从外到内第 i 个环面的半径分别为 R_{i1} 和 R_{i2},则

$$K_{cc} = \sum_{i=1}^{N} \sum_{j=1}^{2} (-1)^{j+1} \iint_{A_{ij}} f_k(p) y^2 \, \mathrm{d}A \tag{2-20}$$

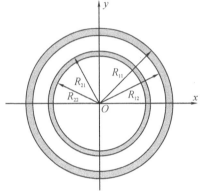

图 2-4　圆环接触面示意图

2. 接触层单位面积的法向刚度 k_N

按照赫兹(Hertz)接触理论,两个曲率半径为 R_1 和 R_2 的弹性体在法向力 W 的作用下产生弹性变形,如图 2-5 所示。法向变形量为 δ,接触半径为 r,其关系为

$$W = \frac{4}{3} E R_s^{\frac{1}{2}} \delta^{\frac{3}{2}} \tag{2-21}$$

式中,E 为当量弹性模量;R_s 为微凸体当量曲率半径。

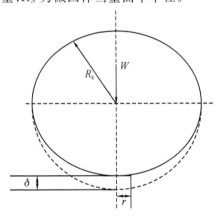

图 2-5　赫兹接触模型

根据 Greenwood-Williamson(GW)接触模型,大多数接触面的微凸体峰值符

合高斯分布,如图 2-6 所示,距参考平面为 d 的微凸体数量为 m_d,则

$$m_\mathrm{d} = m \int_d^{+\infty} \varphi(z)\mathrm{d}z \tag{2-22}$$

式中,m 为接触面微凸体总数;$\varphi(z)$ 为微凸体高度分布概率密度函数,表示为

$$\varphi(z) = \frac{1}{\sqrt{2\pi}\sigma}\mathrm{e}^{-\frac{z^2}{2\sigma^2}} \tag{2-23}$$

式中,σ 为微凸体高度分布的标准差。

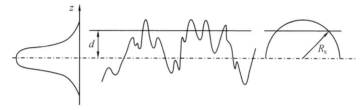

图 2-6　GW 接触模型

根据刚度的定义,并结合接触面的微凸体的分布,则其法向刚度 k_N 为

$$k_\mathrm{N} = 2mER_\mathrm{S}^{\frac{1}{2}} \int_d^\infty (z-d)^{\frac{1}{2}} \varphi(z)\mathrm{d}z \tag{2-24}$$

用标准化变量表达为

$$P = \frac{W}{A} = \frac{4}{3}\eta ER_\mathrm{S}^{\frac{1}{2}} \sigma_\mathrm{m}^{\frac{3}{2}} F_{\frac{3}{2}}(h) \tag{2-25}$$

$$k_\mathrm{N} = 2\eta ER_\mathrm{S}^{\frac{1}{2}} \sigma_\mathrm{m}^{\frac{1}{2}} F_{\frac{1}{2}}(h) \tag{2-26}$$

式中,W 为法向力;A 为名义接触面积;η 为接触面微凸体面的密度。R_S 为接触面微凸体当量曲率半径的平均值,$h=d/\sigma_\mathrm{m}$,$s=z/\sigma_\mathrm{m}$,σ_m 为两个粗糙接触平面微凸体高度分布标准差的当量值。

$$F_\alpha(h) = \int_h^\infty (s-h)^\alpha \Phi(s)\mathrm{d}s \quad \left(\alpha = \frac{1}{2}, \frac{3}{2}\right) \tag{2-27}$$

$$\sigma_\mathrm{m} = \sqrt{\sigma_1^2 + \sigma_2^2} \tag{2-28}$$

$$\Phi(s) = \frac{1}{\sqrt{2\pi}}\mathrm{e}^{-\frac{s^2}{2}} \tag{2-29}$$

由于 $F_\alpha(h)$ 不能用初等函数表示,所以采用数值计算并拟合 $F_{0.5}(h)$ 与 $F_{1.5}(h)$ 的关系。法向刚度 k_N 与接触面名义压应力 p 的关系为

$$k_\mathrm{N} = 1.3128\beta A\sigma_\mathrm{m}^{-1} \left(\frac{p}{\beta}\right)^{0.8136} \tag{2-30}$$

式中

$$\beta = \frac{4}{3}mA^{-1}ER_\mathrm{S}^{\frac{1}{2}}\sigma_\mathrm{m}^{\frac{3}{2}} \tag{2-31}$$

3. 剩余接触面的弯曲刚度 K_{cf}

在弯矩 M 的作用下，轮盘段变形能 U_{rs} 为

$$U_{rs} = \int_0^\theta M \mathrm{d}\theta + \int_0^x F_{pre} \mathrm{d}x \qquad (2-32)$$

式中，右边第二项表示预紧力产生的变形能；θ 是弯曲角度。对上式求偏导可得

$$\frac{\partial U_{rs}}{\partial \theta} = M \qquad (2-33)$$

定义 K_{sf} 为包含接触部分刚度 K_{cf} 和轮盘部分刚度 K_d 轴段的等效弯曲刚度，即

$$\frac{1}{K_{sf}} = \frac{1}{K_{cf}} + \frac{1}{K_d} \qquad (2-34)$$

则式（2-33）也可写为

$$\frac{\partial U_{rs}}{\partial \theta} = \frac{\partial U_{rs}}{\partial M} \cdot \frac{\partial M}{\partial \theta} = \frac{\partial U_{rs}}{\partial M} K_{sf} \qquad (2-35)$$

由式（2-33）和式（2-35）可得

$$K_{sf} = \frac{M \partial M}{\partial U_{rs}} \qquad (2-36)$$

轮盘间的变形能和弯矩的关系 K_{sf} 可通过三维有限元法计算得到，则

$$K_{cf} = \left(\frac{\partial U_{rs}}{M \partial M} - \frac{1}{K_d} \right)^{-1} \qquad (2-37)$$

得到 K_{cc} 和 K_{cf} 后便可根据式（2-17）得到平面接触层的刚度 K_c。

4. 算例

建立拉杆转子模型 A 以举例说明平面接触界面的刚度计算方法，实验拉杆转子模型如图 2-7 所示，由 7 对双圆环接触组成，周向由 12 根拉杆螺栓预紧连接。

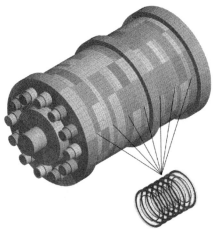

图 2-7　拉杆转子模型 A 的有限元模型

接触界面的粗糙度参数根据 ISO 4287—1997 标准确定,通过表面形貌测量设备(SurfTest SJ - 201P)进行测量,结果如表 2 - 7 所示。转子的七个接触面由面-面接触单元模拟,第一个载荷步通过拉杆施加预紧力,第二个载荷步加载弯矩。

表 2 - 7 接触界面的粗糙度参数

$R_S/\mu m$	η/m^{-2}	$\sigma_m/\mu m$
11.785	7.15×10^8	1.57

粗糙接触层单位面积的法向刚度 k_N 由粗糙度参数和法向压力 p 确定,结果如图 2 - 8 所示。由图中可看出,k_N 随 p 增加,并且曲线 k_N 的斜率随着 p 的增加而减小。法向压力范围为 10 MPa~70 MPa 时,k_N 具有与文献[2]的计算值和实验值相同的数量级(10^{13} N/m³)。

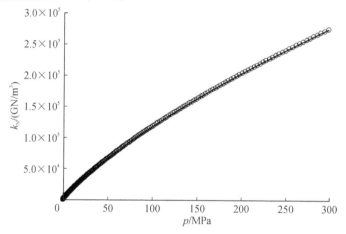

图 2 - 8 接触层单位面积的法向刚度与法向压力的关系

定义平面弯曲刚度无量纲系数 γ_{bp} 为重力产生的最大脱开应力与拉杆预紧力产生的压应力的比值,即

$$\gamma_{bp} = \frac{MR_{out}}{I_d p} \tag{2-38}$$

式中,$R_{out} = \max(R_{ij})$,物理含义为接触面的最大半径,单位为 m;I_d 为截面轴惯性矩,单位为 m⁴;p 为截面所受名义压应力,单位为 Pa。

转子轴段的等效弯曲刚度随弯曲刚度无量纲系数的变化如图 2 - 9 所示。转子轴段的等效弯曲刚度 K_{sf} 随着接触界面分离区域的增加而减小。随着 γ_{bp} 从 1 增加到 2.2,K_{sf} 值减少 51.59%。由式 $K_{cf} = 1/(1/K_{sf} - 1/K_d)$ 可得,因 K_d 是常数值(8.07×10^8 N·m/rad),对于 $\gamma_{bp} \leqslant 1$,$K_{sf} = K_d$,K_{cf} 是无穷大值;对于 $\gamma_{bp} > 1$,随着 γ_{bp} 的增加,$K_{sf} < K_d$,K_{cf} 急剧下降。

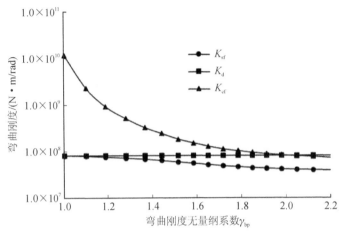

图 2-9　有限元计算接触界面的弯曲刚度和弯曲刚度无量纲系数的关系

图 2-10 所示为接触段等效弯曲刚度 K_c 和载荷之间的关系。由式(2-17)可知,K_c 等于 K_{cc} 和 K_{cf} 串联。对于 $\gamma_{bp} \leqslant 1, 1/K_{cf} = 0, K_c = K_{cc}$。对于 $\gamma_{bp} > 1$,随着 γ_{bp} 的增加,K_{cf} 迅速减小,因此当 γ_{bp} 从 1 增加到 2.2 并且拉杆预紧力 F_a 相对较大时,K_c 迅速下降。

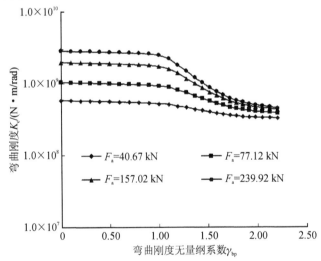

图 2-10　接触段弯曲刚度随弯曲刚度无量纲系数的变化曲线

2.1.3.2　平面接触界面的扭转刚度模化

1. 接触轴段抗扭刚度的理论分析

　　1)单个微凸体的切向刚度

　　如图 2-11 所示,弹性球体间接触并在受到法向力 F 和剪切力 T 时,剪切力

T 和剪切变形 t 间的关系为[16]

$$T = \mu F\left[1 - \left(1 - \frac{16Grt}{3(2-\nu_0)\mu F}\right)^{\frac{3}{2}}\right] \qquad (2-39)$$

式中，μ 为接触面最大静摩擦系数；G 为当量剪切模量；r 为接触半径；ν_0 为泊松比。

根据式(2-39)得单个微凸体切向刚度 K_T，则

$$K_T = \frac{\mathrm{d}(T(t))}{\mathrm{d}t} = \frac{4ER^{\frac{1}{2}}}{(2-\nu_0)(1+\nu_0)}\left(1 - \frac{T}{\mu F}\right)^{\frac{1}{3}}\delta^{\frac{1}{2}} \qquad (2-40)$$

式中，E 为当量弹性模量；R 为微凸体的当量曲率半径；δ 为法向变形量。

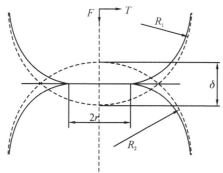

图 2-11　单个微凸体接触模型

2)切向接触刚度分析

根据 GW 模型，大多数接触面的微凸体峰值符合高斯分布。根据单个微凸体刚度的表达式和整个接触面微凸体的分布，可得接触层切向刚度 K_T。我们认为弹性接触下单个微凸体上的法向力 F 和切向力 T 的比值是相同的，并近似等于整个接触面上的法向力 F_a 和剪切力 T_0 之比，则

$$K_T = \frac{4mER_S^{\frac{1}{2}}\xi^{\frac{1}{3}}}{(2-\nu_0)(1+\nu_0)}\delta^{\frac{1}{2}}\int_d^{+\infty}(z-d)^{\frac{1}{2}}\varphi(z)\mathrm{d}z \qquad (2-41)$$

式中

$$\xi = 1 - \frac{T_0}{\mu F_a}$$

用标准化变量表达，可得

$$F_a = \frac{4}{3}mER_S^{\frac{1}{2}}\sigma_m^{\frac{3}{2}}F_{\frac{3}{2}}(h) \qquad (2-42)$$

$$K_T = \frac{4mER_S^{\frac{1}{2}}\xi^{\frac{1}{3}}\sigma_m^{\frac{1}{2}}F_{\frac{1}{2}}(h)}{(2-\nu_0)(1+\nu_0)} \qquad (2-43)$$

$$F_a(h) = \int_h^{\infty}(s-h)^a\Phi(s)\mathrm{d}s \quad \left(a = \frac{1}{2}, \frac{3}{2}\right) \qquad (2-44)$$

$$\sigma_{\mathrm{m}} = \sqrt{\sigma_1^2 + \sigma_2^2} \tag{2-45}$$

$$\Phi(s) = \frac{1}{\sqrt{2\pi}} e^{-\frac{s^2}{2}} \tag{2-46}$$

式中,R_{s} 为接触面微凸体平均当量的曲率半径,$h=d/\sigma_{\mathrm{m}}$,$s=z/\sigma_{\mathrm{m}}$。

由于 $F_a(h)$ 不能用初等函数表示,可以采用数值计算(h 取值为 $0\sim3.0$)结合最小二乘法拟合 $F_{0.5}(h)$ 与 $F_{1.5}(h)$ 的关系,得切向刚度 K_{T} 与接触面上名义压力 p 的关系

$$K_{\mathrm{T}} = \frac{2.6256 A \beta^{0.1864} p^{0.8136} \xi^{\frac{1}{3}}}{\sigma_{\mathrm{m}}(2-\nu_0)(1+\nu_0)} \tag{2-47}$$

式中

$$\beta = \frac{4}{3} m A^{-1} E R_{\mathrm{s}}^{\frac{1}{2}} \sigma_{\mathrm{m}}^{\frac{3}{2}} \tag{2-48}$$

$$p = F_a A^{-1} \tag{2-49}$$

3)接触层等效扭转刚度分析

如图 2-12 为接触层的示意图,h 的上限取为 3,其物理意义是认为在 d 大于 $3\sigma_{\mathrm{m}}$ 时的微凸体数量几乎为零,则粗糙层的最大厚度为 $6\sigma_{\mathrm{m}}$,当粗糙层上受到的法向力为 F_a 时,粗糙层厚度 L_{c} 会减小为 $2h\sigma_{\mathrm{m}}$。

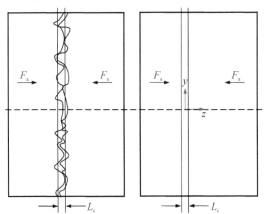

图 2-12 接触层示意图

对于长度为 L,受预紧力 F_a 的连续轴段,当其扭矩受到 ΔM_{T} 的扰动时,扭矩产生的名义切应力沿径向近似线性分布,其弹性变形能的变化量为 U_{T1},则

$$U_{\mathrm{T1}} = \frac{\Delta M_{\mathrm{T}}^2 L}{2 G_{\mathrm{T}} I_{\mathrm{p}}} = \frac{\Delta M_{\mathrm{T}}^2 L (1+\nu)}{E_{\mathrm{T}} I_{\mathrm{p}}} \tag{2-50}$$

对于同样外力作用下厚度为 L_{c} 的接触层,当其扭矩受到 ΔM_{T} 的扰动时,其弹性变形能的变化量为 U_{T2},则

$$U_{T2} = \frac{A \Delta M_T^2}{2 I_p K_{eT}} \tag{2-51}$$

根据变形能等效的原理,可得接触层的扭转刚度 K_{eT} 为

$$K_{eT} = \iint_A K_T A^{-1} dA = \iint_A \frac{2.6256 \beta^{0.1864} p^{0.8136} \xi^{\frac{1}{3}}}{\sigma_m (2 - \nu_0)(1 + \nu_0)} dA \tag{2-52}$$

在仅考虑扭转振动时,根据变形能等效原理,接触层可以等效为厚度为 L_c,等效弹性模量为 E_{Teq} 的连续轴段,则

$$E_{Teq} = \frac{M_T^2 L_c (1 + \nu_0)}{I_p U_{T2}} = \frac{2 K_{eT} L_c (1 + \nu_0)}{A} \tag{2-53}$$

2. 接触轴段抗扭刚度理论计算算例

把同样长度的接触层等效刚度与连续轴段刚度的比定义为接触层扭转刚度修正系数。由于粗糙层厚度为微米量级,可以根据接触段的几何结构把长度为 L_c 的接触层扭转刚度修正系数 β_{pc} 换算为较长轴段(接触段 L)的扭转刚度修正系数 β_p。实际拉杆转子是一对或两对环形接触面,从外到内第 i 个接触环面的内外半径分别为 ρ_{i2} 和 $\rho_{i1}(i=1,2)$,则有

$$\beta_{pc} = \frac{K_{eT}}{K_0} = \frac{E_{Teq}}{E_0} = \frac{2 K_{eT} L_c (1 + \nu_0)}{E_0 A} \tag{2-54}$$

$$\beta_p = \frac{1}{(1/\beta_{pc} - 1)\zeta + 1} \approx \frac{1}{\zeta/\beta_{pc} + 1} \tag{2-55}$$

式中

$$L_c = 2 h \sigma_m, \quad \zeta = L_c / L$$

$$K_{eT} = \frac{2.6256 \beta^{0.1864} p^{0.8136}}{\sigma_m (2 - \nu_0)(1 + \nu_0)} \iint_A \left(1 - \frac{M_T \rho}{\mu I_p p}\right)^{\frac{1}{3}} dA \tag{2-56}$$

式中

$$\iint_A \left(1 - \frac{M_T \rho}{\mu I_p p}\right)^{\frac{1}{3}} dA = \sum_{i=1}^{2} \int_0^{2\pi} \int_{\rho_{i2}}^{\rho_{i1}} \left(1 - \frac{M_T \rho}{\mu I_p p}\right)^{\frac{1}{3}} \rho d\rho d\theta$$

$$= \sum_{i=1}^{2} \left[g_T(\lambda_{i1}) - g_T(\lambda_{i2}) \right] \tag{2-57}$$

式中

$$g_T(\lambda_{ij}) = \frac{6 \pi \rho_{ij}^2}{\lambda_{ij}^2} \left[\frac{(1 - \lambda_{ij})^{\frac{7}{3}}}{7} - \frac{(1 - \lambda_{ij})^{\frac{4}{3}}}{4} + \frac{3}{28} \right] \tag{2-58}$$

$$\lambda_{ij} = \frac{M_T \rho_{ij}}{\mu I_p p} \in (0, 1) \tag{2-59}$$

定义扭转刚度无量纲系数 γ_{Tp},其物理意义是扭矩 M_T 在接触环面产生的最大切应力值与压应力 p 在接触面上产生的摩擦力的比值,即

$$\gamma_{Tp} = \frac{M_T R_{out}}{\mu I_p p} \tag{2-60}$$

式中，R_{out}为最大的接触面半径，单位为 m。

由式(2-60)知，当扭矩产生的最大切应力大于最大静摩擦力时($\gamma_{Tp}>1$)，接触面开始滑动，此时接触段刚度将急剧下降，式(2-52)将不再适用。而当扭矩产生的最大切应力小于最大静摩擦力时($\gamma_{Tp}<1$)，由式(2-55)可知对于一定几何结构和材料的接触层，其扭转刚度的修正系数与扭矩、名义压力和粗糙度参数有关。

如图2-13所示为拉杆转子模型 B，其粗糙表面的参数可以由其形貌曲线得到，如图2-14所示为使用 SG201P 型表面形貌仪测得的拉杆转子模型 B 的一个接触面的表面轮廓曲线，表2-8为其参数值，弹性模量 E 为 1.154×10^{11} Pa，泊松比 ν 为 0.3，最大静摩擦系数 μ 为 0.2，基体弹性模量 E_0 为 2.1×10^{11} Pa。

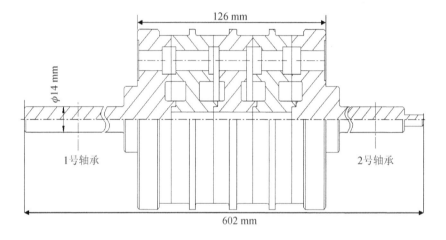

图 2-13　拉杆转子模型 B

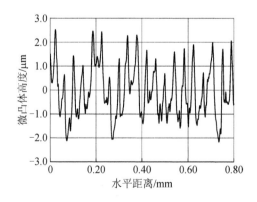

图 2-14　燃气轮机拉杆转子模型 B 的接触界面轮廓曲线

表 2 - 8 燃气轮机拉杆转子模型 B 的接触界面参数

参数	$\sigma_{\mathrm{m}}/\mu\mathrm{m}$	n/m^{-2}	$R_{\mathrm{S}}/\mu\mathrm{m}$
数值	0.96	2.25×10^9	290

根据模型结构,接触段 L 取为 4 mm,接触环面的半径从外到内分别为 45.5 mm、39.5 mm、24.5 mm 和 20.5 mm。当分别保持接触面名义压力 p(1.85×10⁷ Pa)、0.5p、5p 不变,扭矩分别由 200 N·m、100 N·m、1000 N·m,减小为 4 N·m、2 N·m、20 N·m 时,转子接触段的扭转刚度修正系数与 γ_{Tp} 的关系曲线如图 2 - 15 所示。可以看到,当 $\gamma_{\mathrm{Tp}}<1$ 时,扭矩产生的最大切应力小于预紧力产生的最大静摩擦力,接触界面未发生滑移,转子接触段扭转刚度的修正系数 β_{p} 随 γ_{Tp} 的增大而减小,且减小的速率逐渐增大。

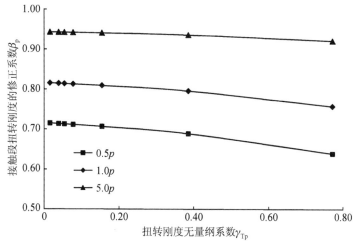

图 2 - 15 平面接触段扭转刚度的修正系数随扭转刚度无量纲系数的变化情况

2.1.4 拉杆转子端面齿接触界面的刚度模化

2.1.4.1 端面齿接触界面的弯曲刚度模化

燃气轮机轮盘端面齿具有自动对中、传扭可靠、刚度大、定位精度高等诸多优点,在航空发动机和重型燃气轮机转子中得到广泛应用。某航空发动机转子考虑受到端面齿影响后,局部刚度仅为整体刚度的 30%,对一阶固有频率影响达到 6%[17]。但由于航空发动机转子质量轻,刚度大,以及齿形结构不同于重型燃气轮机,所得结果不具有通用性。因此需要研究端面齿刚度对重型燃气轮机转子动力学的影响。

目前在重型燃气轮机转子上应用的端面齿主要有两种形式,一种为弧形端面齿(Curvic Coupling),应用于三菱公司生产的周向拉杆转子透平轮盘间的定位和传扭;另一种为平面端面齿,也称赫兹齿(Hirth Coupling),应用于西门子公司生产的中心拉杆转子各级轮盘间的定位和传扭。与两种端面齿的刚度研究方法类似,本书以赫兹端面齿(后文简称端面齿)为例介绍端面齿连接的拉杆转子动力学特性研究方法。端面齿的齿形参数如图 2-16 所示,主要参数有:齿数 z、齿形张角 θ、齿顶高 h_a、齿底高 h_b、齿全高 h_t、齿底倒角 R_a。考虑到齿对啮合不能干涉,设计时齿底高需大于齿顶高。

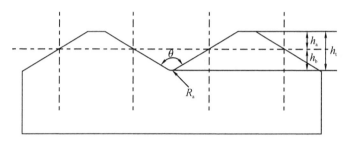

图 2-16　Hirth 端面齿齿形的主要参数示意

在三维建模软件 Pro/Engineer 中根据齿形角、齿槽深度张角和齿形分度角三个角度的相互关系,可以实行参数化建模。如图 2-17 所示为接触面半径为 0.640 m的端面齿实体模型。

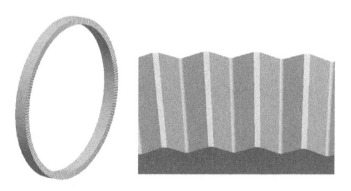

图 2-17　Hirth 端面齿的实体模型(接触面半径为 0.640 m)

1. 端面齿弯曲刚度的理论分析

如图 2-18 所示,计算模型的弯曲刚度由两端附加段刚度与接触段刚度串联而成,接触段段长按照实际机组各级端面齿的伸出部分,单边选取 7 mm,即 l_3 为 14 mm。附加段长 l_1、l_2 分别为 100 mm。

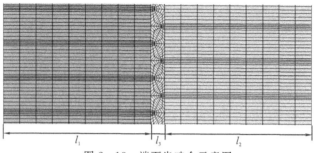

图 2 - 18　端面齿啮合示意图

端面齿计算模型的弯曲刚度为

$$K_{bf} = (\frac{1}{K_{1b}} + \frac{1}{K_{2b}} + \frac{1}{K_{3b}})^{-1} \qquad (2-61)$$

$$K_{1b} = \frac{EI_d}{l_1}, \quad K_{2b} = \frac{EI_d}{l_2} \qquad (2-62)$$

$$K_{3b} = (\frac{1}{K_{bf}} - \frac{1}{K_{1b}} - \frac{1}{K_{2b}})^{-1} \qquad (2-63)$$

定义接触段等效弯曲刚度为

$$k_{3b} = \frac{(EI_d)_{eq}}{l_3} \qquad (2-64)$$

定义接触段弯曲刚度的修正系数为

$$\alpha_f = \frac{(EI_d)_{eq}}{EI_d} \qquad (2-65)$$

接触段弯曲刚度与预紧力和弯矩载荷有关,定义端面齿接触面的弯曲刚度无量纲系数为

$$\gamma_{bf} = \frac{MR_{out}/I_d}{F_a/A_c} \qquad (2-66)$$

式中,K_{bf} 为整体模型弯曲刚度,单位为 N・m;K_{1b}、K_{2b} 为附加段弯曲刚度,单位为 N・m;K_{3b} 为端面齿接触段弯曲刚度,单位为 N・m;E 为弹性模量,单位为 Pa;I_d 为直径惯性矩,单位为 m⁴;l_1、l_2 为附加段长度,单位为 m;M 为接触段所受弯矩,单位为 N・m;R_{out} 为接触段圆环外半径,单位为 m;F_a 为轴向预紧力,单位为 N;A_c 为接触段圆环的名义接触面积,单位为 m²。

弯曲刚度无量纲系数 γ_{bf} 为弯矩产生的最大脱开应力与预紧力产生的压应力的比值,其中 F_a 取转子额定预紧值。

2. 弯曲刚度的有限元计算

接触现象是一种高度非线性行为,求解接触问题需要较多的计算资源。ANSYS 支持三种接触方式:点-点,点-面,面-面,每种接触方式使用的接触单元适用于某类特定问题。

非线性接触计算很大的问题便是收敛性,因此在实际 ANSYS 操作中通常通过增加时间子步、调整收敛容差、接触初始状态检查和参数设置来控制计算模型,使其在能够保证计算精度的情况下较快收敛。

轮盘端面齿受弯矩作用时不具有对称特性,无法采用简化的轴对称或周期对称模型进行分析,需要对整圈端面齿进行刚度分析。燃气轮机转子各级端面齿结构相同,各级端面齿内、外半径和齿高略微不同,本文选接触面半径分别为 0.640 m、0.663 m、0.724 m 和 0.855 m 的四对端面齿进行刚度分析。

整圈端面齿盘周向均布 180 个齿,啮合端面齿对有 360 个接触面,接触面几何尺寸小,常规网格划分难以得到满意结果,本文采用 ANSYS ICEM 软件进行网格剖分,保证接触面网格一一对应,得到全六面体网格,共 55 万单元,59 万节点(压气机第 2、3 级端面齿)。如图 2 - 19 所示为接触半径为 0.640 m 的端面齿有限元模型。为避免边界条件加载对刚度计算结果造成的影响,对两端对称地添加附加段,端面齿对模型如图 2 - 19 所示。

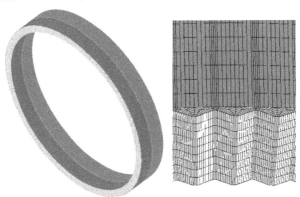

图 2 - 19 Hirth 端面齿有限元模型(接触面半径 0.640 m)

端面齿对通过齿面接触传递载荷,根据实际接触情况,在整圈接触部分分别设置接触对(接触面和目标面),共 180 个端面齿 360 对齿面设置接触,由于接触对众多,所以计算收敛困难。经过多次试算,总结以下设置方法来保证收敛性:

(1)采用位移载荷加载,有助于收敛;

(2)设置时间步,采用载荷子步,使载荷缓慢增加,有助于收敛;

(3)采用效率高、占用资源少的 PCG 求解算法;

(4)初始接触状态检测,保证所有齿对接触和渗透量合适。

在有限元软件 ANSYS 中一端通过 MPC 约束固定,一端加载位移载荷(弯曲角度),应用提取支反力的方法计算其刚度。计算分两个载荷步添加预紧力和弯矩,接触段段长 l_3 为 14 mm,附加段长取 100 mm,本节一共计算了四对端面齿在额定预紧力下的弯曲刚度。通过三维非线性接触有限元分析,得到接触段弯曲刚度修正系数 α_f 随弯曲刚度无量纲系数 γ_{bf} 的变化如图 2-20 所示。

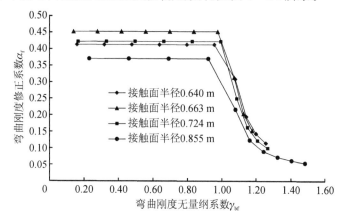

图 2-20　四对端面齿接触界面的弯曲刚度修正系数随弯曲刚度无量纲系数的变化

当 $\gamma_{bf} < 1$ 时,弯曲刚度修正系数 α_f 为一定值(此时端面齿接触段长齿坯部分均为 7 mm),接触面半径为 0.640 m 的端面齿其 α_f 为 0.41,接触面半径为 0.663 m、0.724 m、0.855 m 的端面齿其 α_f 分别为 0.45、0.42 和 0.37。当 $\gamma_{bf} > 1$ 时,弯曲刚度修正系数迅速下降,此时预紧力不足以保证端面齿接触,接触面发生滑移,和理论分析吻合。

图 2-21 所示为某实际燃气轮机拉杆转子各对端面齿啮合面上的重力弯矩分布。在额定预紧力下最大无量纲系数为 0.1,出现在第 15 级压气机轮盘端面齿啮合处,此处重力弯矩最大。在额定预紧力作用下,端面齿啮合状态良好,接触段刚度修正系数保持为定值。

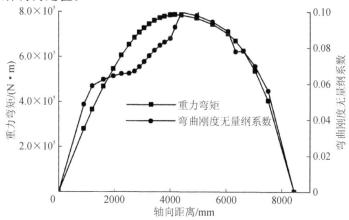

图 2-21　某燃气轮机转子的重力弯矩沿轴向分布

2.1.4.2 端面齿扭转刚度模化

1. 端面齿扭转刚度的理论分析

端面齿扭转刚度的计算模型和弯曲刚度相同,其扭转刚度由两端附加段和端面齿接触段串联而成,因此有

$$K_{\mathrm{Tf}} = \left(\frac{1}{K_{1\mathrm{T}}} + \frac{1}{K_{2\mathrm{T}}} + \frac{1}{K_{3\mathrm{T}}} \right)^{-1} \qquad (2-67)$$

两端附加段的扭转刚度,有

$$K_{1\mathrm{T}} = \frac{GI_{\mathrm{p}}}{l_1}, \ K_{2\mathrm{T}} = \frac{GI_{\mathrm{p}}}{l_2} \qquad (2-68)$$

端面齿接触段扭转刚度为

$$K_{3\mathrm{T}} = \left(\frac{1}{K_{\mathrm{Tf}}} - \frac{1}{K_{1\mathrm{T}}} - \frac{1}{K_{2\mathrm{T}}} \right)^{-1} \qquad (2-69)$$

定义接触段等效扭转刚度为

$$K_{3\mathrm{T}} = \frac{(GI_{\mathrm{p}})_{\mathrm{e}}}{l_3} \qquad (2-70)$$

定义接触段扭转刚度的修正系数为

$$\beta_{\mathrm{f}} = \frac{(GI_{\mathrm{p}})_{\mathrm{e}}}{GI_{\mathrm{p}}} \qquad (2-71)$$

式中,K_{Tf} 为端面齿接触模型整体扭转刚度,单位为 N·m;$K_{1\mathrm{T}}$、$K_{2\mathrm{T}}$ 为附加段扭转刚度,单位为 N·m;$K_{3\mathrm{T}}$ 为端面齿接触段扭转刚度,单位为 N·m;G 为剪切模量,单位为 Pa;I_{p} 为极惯性矩,单位为 m⁴;l_1、l_2 为附加段长,单位为 m。

同样地,扭转刚度同预紧力和扭矩载荷有关,端面齿受力如图 2-22 所示,齿面所受法向力可分解为周向力 F_{u} 和轴向脱开力 F_{va},周向力用于传递扭矩,转子预紧力需大于轴向脱开力,否则在扭矩作用下,齿面会发生滑移分离从而影响转子整体刚度。

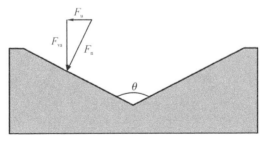

图 2-22 齿面受力分析图

由齿面受力分析可得

$$F_{\mathrm{va}} = F_{\mathrm{u}} \times \tan(\theta/2) \qquad (2-72)$$

$$F_{\mathrm{u}} = \frac{2M_{\mathrm{T}}}{R_{\mathrm{in}} + R_{\mathrm{out}}} \qquad (2-73)$$

定义端面齿的扭转刚度无量纲系数

$$\gamma_{\mathrm{Tf}} = \frac{F_{\mathrm{va}}}{F_{\mathrm{a}}} \qquad (2-74)$$

式中,M_{T} 为接触段所受扭矩,单位为 N·m;R_{in}、R_{out} 为接触段圆环内、外半径,单位为 m;F_{a} 为轴向预紧力,单位为 N;F_{u} 为周向作用分力,单位为 N;F_{n} 为齿面法向力,单位为 N;F_{va} 为轴向脱开力,单位为 N;θ 为齿形张角。

2. 端面齿扭转刚度有限元计算

根据上述分析,有限元模型和弯曲刚度计算模型相同,接触段段长按照实际机组各级端面齿的伸出部分,单边选取 7 mm,即 l_3 为 14 mm,附加段长取 100 mm。一端采用全约束方式,另一端采用位移载荷,分两个载荷步加载预紧力和扭矩,采用力-变形方法计算端面齿接触段扭转刚度。第一个载荷步施加预紧力载荷,第二个载荷步添加扭矩载荷,均通过位移方式添加,三维接触非线性设置和弯曲刚度计算模型相同。以四对端面齿计算结果为例进行分析,其接触面半径分别为 0.640 m、0.663 m、0.724 m 和 0.855 m。四对端面齿扭转刚度的修正系数 β_{f} 随其无量纲系数 γ_{Tf} 变化,如图 2-23 所示。

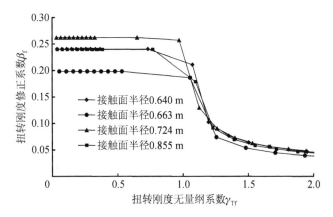

图 2-23 四对端面齿接触界面的扭转刚度修正系数随扭转刚度无量纲系数的变化

和弯曲刚度具有类似的结论,当扭转刚度无量纲系数 γ_{Tf} 满足条件 $\gamma_{\mathrm{Tf}} < 1$ 时,扭转刚度系数基本保持定值(此时端面齿接触段长齿坯的长度均为 7 mm);当扭转刚度无量纲系数 γ_{Tf} 满足条件 $\gamma_{\mathrm{Tf}} > 1$ 时,扭转刚度系数迅速下降,此时预紧力已不足以保证轮盘接触状态,端面齿发生滑移,和前面理论分析结果一致。

燃气轮机中心拉杆转子联合循环采用冷端驱动方式,压气机左端联轴节输出额定扭矩,透平端扭矩为零,最大扭矩出现在扭力盘和透平连接处。假定压气机和透平各级扭矩均匀分布,得到某燃气轮机扭矩和扭转刚度无量纲系数沿轴向的分布如图 2-24 所示。最大扭转刚度无量纲系数为 0.27,出现在扭矩盘端面齿连接处,说明预紧力足够大,能够保证扭转刚度修正系数为一定值。

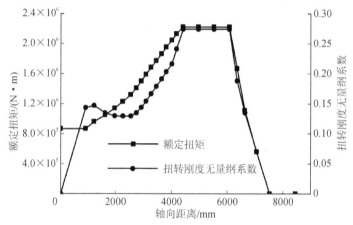

图 2-24 某燃气轮机转子额定工况下扭矩沿轴向的分布

2.2 基于灵敏度分析的拉杆转子模型修正

2.2.1 灵敏度分析和待修正参数的优选方法

2.2.1.1 灵敏度分析方法

灵敏度分析是拉杆转子模型修正的基础,通过灵敏度分析可以选择少量灵敏度高的参数作为待修正参数,在保证修正精度的基础上提高模型修正的效率。在结构动力学模型修正中,由于研究对象结构振型复杂,需要同时分析特征值和特征向量的灵敏度,并将实验模态频率和振型都作为参考值对原模型进行修正。然而,在转子动力学的模型修正中,由于其模态振型相对简单且振型测量误差一般较模态频率的测量误差大,所以仅选用实验模态频率作为参考值对原模型进行修正[18]。

拉杆转子模型的刚度矩阵 $\boldsymbol{K}$ 和质量矩阵 $\boldsymbol{M}$ 可以写为模型参数 p 的函数,有

$$\boldsymbol{K} = \boldsymbol{K}(p_1, p_2, p_3, \cdots) \tag{2-75}$$

$$\boldsymbol{M} = \boldsymbol{M}(p_1, p_2, p_3, \cdots) \tag{2-76}$$

不考虑阻尼时转子的特征值方程为

$$(\boldsymbol{K} - \lambda_j \boldsymbol{M})\boldsymbol{\psi}_j = 0 \tag{2-77}$$

式中，λ_j 为第 j 阶特征值；ψ_j 为第 j 阶正则特征向量。特征值 λ_j 对第 i 个参数 p_i 的灵敏度为

$$\frac{\partial \lambda_j}{\partial p_i} = \psi_j^{\mathrm{T}} \left[\frac{\partial \boldsymbol{K}}{\partial p_i} - \lambda_j \frac{\partial \boldsymbol{M}}{\partial p_i} \right] \psi_j \tag{2-78}$$

由于 $\lambda_j = \omega_j^2$，ω_j 为第 j 阶模态频率，则 $\partial \lambda_j = 2\omega_j \partial \omega_j$，可得无量纲灵敏度 S_{ji} 为

$$S_{ji} = \frac{\partial \omega_j / \omega_j}{\partial p_i / p_i} = \frac{p_i \partial \lambda_j}{2\omega_j^2 \partial p_i} = \frac{p_i}{2\omega_j^2} \psi_j^{\mathrm{T}} \left[\frac{\partial \boldsymbol{K}}{\partial p_i} - \lambda_j \frac{\partial \boldsymbol{M}}{\partial p_i} \right] \psi_j \tag{2-79}$$

上式中特征值和特征向量都可以通过转子的初始有限元模型求得，对于分布型的参数如材料弹性模量和密度，即 $\partial \boldsymbol{K} / \partial p_i$ 和 $\partial \boldsymbol{M} / \partial p_i$ 难以通过解析方法计算，所以 S_{ji} 可以通过有限差分方法近似计算：

$$S_{ji} = \frac{\omega_j(p_i + \Delta p_i) - \omega_j(p_i)}{\Delta p_i} \frac{p_i}{\omega_j(p_i)} \tag{2-80}$$

对于局部的集总参数如几何截面突变处零长度连接单元的刚度 K_i 和集中惯性量 M_i（质量、截面转动惯量、极转动惯量）有

$$\psi_j^{\mathrm{T}} \frac{\partial \boldsymbol{K}}{\partial K_i} \psi_j = \left\{ \begin{array}{c} \psi_1 \\ \vdots \\ \psi_{\mathrm{L}} \\ \psi_{\mathrm{R}} \\ \vdots \\ \psi_{\mathrm{node}} \end{array} \right\}_j^{\mathrm{T}} \begin{bmatrix} 0 & 0 & & & & & \\ 0 & \ddots & \ddots & & & & \\ & \ddots & 1 & -1 & & & \\ & & -1 & 1 & \ddots & & \\ & & & \ddots & \ddots & & 0 \\ & & & & 0 & 0 \end{bmatrix} \left\{ \begin{array}{c} \psi_1 \\ \vdots \\ \psi_{\mathrm{L}} \\ \psi_{\mathrm{R}} \\ \vdots \\ \psi_{\mathrm{node}} \end{array} \right\}_j = (\psi_{\mathrm{L}} - \psi_{\mathrm{R}})^2 \tag{2-81}$$

$$\psi_j^{\mathrm{T}} \frac{\partial \boldsymbol{M}}{\partial M_i} \psi_j = \left\{ \begin{array}{c} \psi_1 \\ \vdots \\ \psi_n \\ \vdots \\ \psi_{\mathrm{node}} \end{array} \right\}_j^{\mathrm{T}} \begin{bmatrix} 0 & & & & \\ & \ddots & & & \\ & & 1 & & \\ & & & \ddots & \\ & & & & 0 \end{bmatrix} \left\{ \begin{array}{c} \psi_1 \\ \vdots \\ \psi_n \\ \vdots \\ \psi_{\mathrm{node}} \end{array} \right\}_j = \psi_n^2 \tag{2-82}$$

式中，ψ_{L} 和 ψ_{R} 为零长度连接单元左右节点处的正则振型；ψ_n 为第 n 个节点处的正则振型。根据式（2-81）和式（2-82），S_{ji} 可表示为

$$S_{ji}(K_i) = \frac{K_i}{2\omega_j^2} \psi_j^{\mathrm{T}} \frac{\partial \boldsymbol{K}}{\partial K_i} \psi_j = \frac{K_i}{2\omega_j^2} (\psi_{\mathrm{L}} - \psi_{\mathrm{R}})^2 \tag{2-83}$$

$$S_{ji}(M_i) = -\lambda_j \frac{M_i}{2\omega_j^2} \psi_j^{\mathrm{T}} \frac{\partial \boldsymbol{M}}{\partial M_i} \psi_j = -\lambda_j \frac{M_i}{2\omega_j^2} \psi_n^2 = -\frac{M_i}{2} \psi_n^2 \tag{2-84}$$

可见，转子的第 j 阶特征频率对零长度连接单元刚度的灵敏度 S_{ji} 与其第 j 阶正则振型在零长度连接单元处两个节点的相对变形量的平方成正比。

2.2.1.2　待修正参数优选方法

实际拉杆转子模型中待修正的参数较多，为了提高模型修正的效率，需要对待

修正的参数进行优选。优选的方法是根据模型转子在实际支承参数下所关心的模态频率对待修正参数的灵敏度分析结果进行选取。然而,由于支承参数本身不准确,实际中一般是通过对自由边界条件下的转子模型进行修正来排除支承的影响。这同时也带来自由边界条件下的模态阶数如何选择的新问题,解决方法是通过分析自由边界条件下转子的各阶模态频率对需要修正的参数的灵敏度,然后选取足够的模态阶数使得其对所有需要修正的参数的灵敏度都大于一定的阈值。

由于待修正参数的初始值的误差不同,对于灵敏度小但是初始误差较大的待修正参数,如果不加以修正同样会给转子模型带来较大误差,所以在选择待修正参数时需要综合考虑参数灵敏度及其初始值误差。现定义待修正参数的优选指数为

$$\text{Index}_{ji} = |S_{ji}| \frac{\Delta p_i}{p_i} \qquad (2-85)$$

式中,Δp_i 为第 i 个参数初始值误差的绝对值;Index_{ji} 表示第 i 个参数的初始相对误差对第 j 阶模态频率的初始相对误差。为了选出影响显著的待修正参数,可设定 Index_{ji} 的阈值 Index_{th} 为一较小的值,如 0.05%,则 Index_{ji} 中大于等于该阈值的待修正参数被选择为需要进行修正的参数,并可以表示为

$$|S_{ji}| \frac{\Delta p_i}{p_i} \geqslant \text{Index}_{th} \Rightarrow |S_{ji}| \geqslant \frac{\text{Index}_{th}}{\Delta p_i / p_i} = S_{th} \qquad (2-86)$$

式中,S_{th} 为待修正参数的灵敏度阈值。

2.2.2　参数修正方法

结合实验结果分析调整计算模型参数,得到精确模型。初始参数下的第 j 阶模态频率计算值 ω_{j0} 与第 j 阶模态频率参考值 ω_{jr} 的相对误差 ε_j 可表示为需要修正参数 p_i 的相对误差 ξ_i(相对初始值 p_{i0})的一阶泰勒近似:

$$\varepsilon_j = \frac{\omega_{jr} - \omega_{j0}}{\omega_{jr}} = \sum_{i=1}^{n_1} S_{ji} \xi_i = \sum_{i=1}^{n_1} S_{ji} \frac{p_i - p_{i0}}{p_i} \qquad (2-87)$$

式中,n_1 为需要修正参数的个数,式(2-87)写成矩阵形式为

$$\boldsymbol{\varepsilon} = \boldsymbol{S} \boldsymbol{\xi} \qquad (2-88)$$

式中,$\boldsymbol{\varepsilon} = (\varepsilon_1 \quad \varepsilon_2 \quad \cdots \quad \varepsilon_{n_2})^{\text{T}}$ 为模态频率相对误差向量;n_2 为选取的模态频率阶数;$\boldsymbol{S}$ 为模态频率灵敏度矩阵;$\boldsymbol{\xi} = (\xi_1 \quad \xi_2 \quad \cdots \quad \xi_{n_1})^{\text{T}}$ 为需要修正参数的相对误差向量。其中 $\boldsymbol{S}$ 可写为

$$\boldsymbol{S} = \begin{bmatrix} S_{11} & S_{12} & \cdots & S_{1n_1} \\ S_{21} & S_{22} & \cdots & S_{2n_1} \\ \vdots & \vdots & \ddots & \vdots \\ S_{n_2 1} & S_{n_2 2} & \cdots & S_{n_2 n_1} \end{bmatrix} \qquad (2-89)$$

当 $n_1 = n_2$ 时,由式(2-88)可得

$$\boldsymbol{\xi} = \boldsymbol{S}^{-1}\boldsymbol{\varepsilon} \tag{2-90}$$

但是大部分的情况是 $n_1 \neq n_2$,当 $n_1 > n_2$ 时(需要修正参数个数大于模态频率阶数),方程为欠定的(Under-Determined),此时方程有无穷多解,可以选择使得需要修正的参数变化最小的解作为最优解,通过拉格朗日乘子法可得

$$\boldsymbol{\xi} = \boldsymbol{S}^{\mathrm{T}}(\boldsymbol{SS}^{\mathrm{T}})^{-1}\boldsymbol{\varepsilon} \tag{2-91}$$

如果需要对 $\boldsymbol{\varepsilon}$ 和 $\boldsymbol{\xi}$ 进行加权处理,则有

$$\boldsymbol{\xi} = \boldsymbol{W}_{\xi}^{-1}\boldsymbol{S}^{\mathrm{T}}(\boldsymbol{W}_{\varepsilon}^{-1} + \boldsymbol{SW}_{\xi}^{-1}\boldsymbol{S}^{\mathrm{T}})^{-1}\boldsymbol{\varepsilon} \tag{2-92}$$

式中,$\boldsymbol{W}_{\varepsilon}$ 和 $\boldsymbol{W}_{\xi}$ 分别为 ε_j 和 ξ_i 的加权系数矩阵,其为对角矩阵。当 $n_1 < n_2$ 时(需要修正的参数个数小于模态频率阶数),方程为超定的(Over-Determined),可以应用最小二乘法求得

$$\boldsymbol{\xi} = (\boldsymbol{S}^{\mathrm{T}}\boldsymbol{S})^{-1}\boldsymbol{S}^{\mathrm{T}}\boldsymbol{\varepsilon} \tag{2-93}$$

相应由加权最小二乘法可得

$$\boldsymbol{\xi} = (\boldsymbol{W}_{\xi} + \boldsymbol{S}^{\mathrm{T}}\boldsymbol{W}_{\varepsilon}\boldsymbol{S})^{-1}\boldsymbol{S}^{\mathrm{T}}\boldsymbol{W}_{\varepsilon}\boldsymbol{\varepsilon} \tag{2-94}$$

由于目标函数采用一阶泰勒近似,所以一般需要进行迭代计算直到修正后模型的残差满足要求。

拉杆转子梁单元模型中几何截面突变处零长度连接单元刚度的误差属于模型结构误差,不能通过以实验数据为基础的模型修正方法提高模型精度,而需要以转子的三维有限元模型计算结果为参考,修正几何截面突变处零长度连接单元的刚度,最终得到与三维有限元模型等效的高精度梁单元模型。该修正后的梁单元模型与三维有限元模型的误差即为残余模型的结构误差。然后,再以模态实验结果为参考,并以上一步修正得到的梁单元模型为对象,修正接触界面处零长度连接单元的刚度和转子材料特性,整个修正过程见图 2-25。

通过在拉杆转子几何截面突变处引入零长度连接单元而得到的梁单元模型是相应的三维有限元模型的等效模型,由于该梁单元模型的自由度远低于三维有限元模型,则应用该梁单元模型对拉杆转子接触界面刚度和材料物理特性参数的修正将比直接利用三维有限元模型进行修正效率高。然而,由于该修正的梁单元模型依然与三维有限元模型有一定的残余模型结构误差 ε_{j0},则可表示为

$$\varepsilon_{j0} = \frac{\omega_{j0} - \hat{\omega}_j}{\hat{\omega}_j} \tag{2-95}$$

式中,ω_{j0} 为第一步模型修正后梁单元模型的第 j 阶模态频率;$\hat{\omega}_j$ 为三维有限元模型的第 j 阶模态频率。在第二步对接触界面刚度和材料物理特性参数修正前需要去掉残余模型的结构误差,去掉 ε_{j0} 后的误差 $\tilde{\varepsilon}_j$ 为

$$\tilde{\varepsilon}_j = \frac{\hat{\omega}_j\omega_{j1}/\omega_{j0} - \tilde{\omega}_j}{\tilde{\omega}_j} = \frac{\varepsilon_{j1} - \varepsilon_{j0}}{1 + \varepsilon_{j0}} \approx \varepsilon_{j1} - \varepsilon_{j0} \tag{2-96}$$

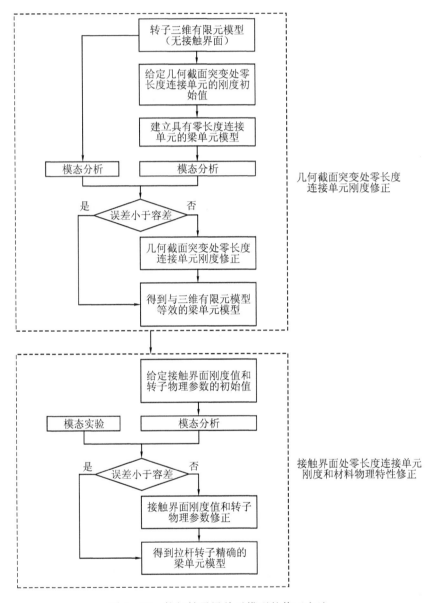

图 2 - 25　拉杆转子梁单元模型的修正方法

式中，ε_{j1} 为第二步修正后梁单元模型的第 j 阶模态频率 ω_{j1} 与实验模态频率 $\tilde{\omega}_j$ 的误差。

$$\varepsilon_{j1} = \frac{\omega_{j1} - \tilde{\omega}_j}{\tilde{\omega}_j} \qquad (2-97)$$

2.2.3　实例

如图 2-26 为一简化的实验短拉杆转子(总长 1813 mm),转子左右对称,分段用短拉杆连接,共有 6 个接触界面和 18 个几何截面突变处,转子设计有两个支承点,轴承采用调心球轴承(轴承型号 1211)。转子的材料为 40Cr,根据材料手册其弹性模量 E 的初值为 206 GPa,密度 ρ 为 7870 kg/m³,泊松比 ν 为 0.286。本节以该转子的弯曲振动和扭转振动的梁单元模型修正为例说明和验证本章所提出的拉杆转子模型修正的方法。

（a）实验短拉杆转子系统照片

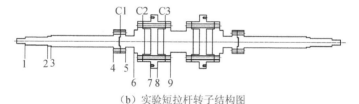

（b）实验短拉杆转子结构图

图 2-26　实验短拉杆转子系统(总长 1813 mm)

2.2.3.1　弯曲振动梁单元模型修正

转子系统最高转速为 3000 r/min,经估算其位于一阶和二阶临界转速之间,所以模型修正所关心的弯曲振动为前 2 阶。由于该实验短拉杆转子结构具有对称性,且截面 4、5 参数相同,截面 7、8 参数相同,所以 18 个几何截面突变处的零长度连接单元仅有 7 个不同。采用第 2.2.1 节几何截面突变处的零长度连接单元参数计算方法得到了实验短拉杆转子各几何截面突变处的零长度连接单元的弯曲刚度 K_c 的初始值,而剪切刚度 K_Q 通过式(2-98)估算得到,计算结果如表 2-9 所示。

$$K_Q = \frac{GA\kappa}{L_0} = \frac{K_M}{EI}GA\kappa \qquad (2-98)$$

式中,$L_0 = EI/K_c$ 为弯曲刚度 K_c 对应的等效轴段长度;I 和 A 分别为几何截面突变处较小轴段截面的截面惯性矩和面积;G 为材料剪切弹性模量;κ 为剪力系数,为

$$\kappa = \frac{6(1+\nu)^2}{7+12\nu+4\nu^2} \qquad (2-99)$$

表 2 - 9　实验短拉杆转子几何截面突变处零长度连接单元的刚度参数初始值

截面序号	弯曲刚度 K_c/(N·m/rad)	剪切刚度 K_Q/(N·m)	抗扭刚度 K_T/(N·m/rad)
1	$1.48×10^6$	$1.07×10^{10}$	$3.35×10^5$
2	$5.00×10^8$	$1.41×10^{12}$	$4.35×10^6$
3	$5.00×10^8$	$9.41×10^{11}$	$5.95×10^5$
4、5	$9.12×10^6$	$1.31×10^{10}$	$1.33×10^7$
6	$1.00×10^7$	$1.44×10^{10}$	$1.25×10^7$
7、8	$7.27×10^8$	$3.76×10^{10}$	$9.13×10^8$
9	$6.68×10^7$	$2.64×10^{10}$	$8.73×10^7$

在设定预紧力的情况下,该转子接触界面处法向名义压应力为 11.15 MPa,取单位面积法向接触刚度 k_n 的初值为 $1.0×10^{13}$ N/m³,单位面积切向接触刚度 k_t 的初值为 $8.3×10^{12}$ N/m³,相应各接触界面的弯曲、剪切和抗扭刚度如表 2 - 10 所示。通过对转子的支承刚度进行理论分析可得,垂直方向刚度为 $3.62×10^8$ N/m,水平方向刚度为 $2.32×10^8$ N/m。

表 2 - 10　实验短拉杆转子接触界面处零长度连接单元的刚度参数初始值

截面序号	弯曲刚度 K_c/(N·m/rad)	剪切刚度 K_Q/(N·m)	抗扭刚度 K_T/(N·m/rad)
C1	$1.43×10^8$	$9.42×10^{10}$	$2.39×10^8$
C2、C3	$1.06×10^9$	$1.97×10^{11}$	$1.77×10^9$

关于待修正参数的初始值由于计算方法不同,其估计的误差范围也不同,如表 2 - 11 所示,结合式(2 - 86)可以计算出灵敏度的阈值 S_{th}。

表 2 - 11　实验短拉杆转子待修正参数的初始相对误差($\Delta p_i/p_i$)的范围估计值

接触界面处	几何截面突变处		$E、\nu、G_r$
$K_c、K_Q、K_T$	$K_c、K_T$	K_Q	
$±100\%$	$±50\%$	$±50\%$	$±5\%$

根据参数灵敏度分析可得前 2 阶模态频率对各几何截面突变处的弯曲刚度 K_c 和剪切刚度 K_Q 的灵敏度,分别如图 2 - 27 和图 2 - 28 所示,前 2 阶模态频率对接触界面处的弯曲刚度 K_c 和剪切刚度 K_Q 的灵敏度分别如图 2 - 29、图 2 - 30 所示。

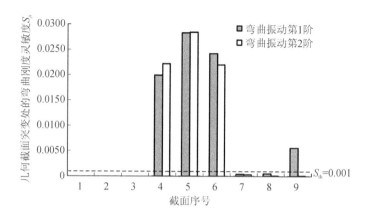

图 2-27 实验短拉杆转子弯曲振动前 2 阶模态频率对几何截面突变处弯曲刚度的灵敏度分析

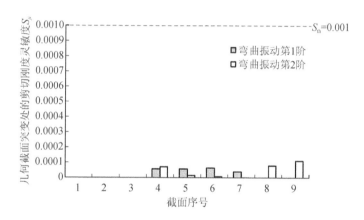

图 2-28 实验短拉杆转子弯曲振动前 2 阶模态频率对几何截面突变处剪切刚度的灵敏度分析

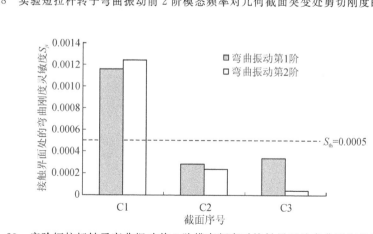

图 2-29 实验短拉杆转子弯曲振动前 2 阶模态频率对接触界面处弯曲刚度的灵敏度分析

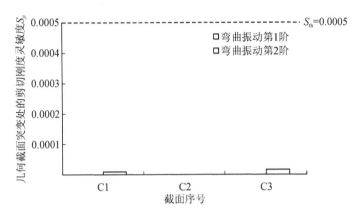

图 2-30　实验短拉杆转子弯曲振动前 2 阶模态频率对接触界面处剪切刚度的灵敏度分析

由图 2-28、图 2-30 可见前 2 阶模态频率对剪切刚度的灵敏度都低于设定的阈值，而对弯曲刚度大于设定阈值的截面有 4、5、6、9 和 C1 处的值。所以在拉杆转子弯曲振动梁单元模型修正中需要修正上述截面处的弯曲刚度值，由于 C2、C3 处的弯曲刚度的灵敏度接近阈值，可以增选这两处的刚度也作为需要修正的参数。而泊松比 ν 主要影响剪切刚度，所以弯曲振动中不需要修正 ν。弹性模量 E 的灵敏度根据式(2-80)计算，由于有如下关系

$$\frac{\omega_j + \Delta\omega_j}{\omega_j} = \sqrt{\frac{E + \Delta E}{E}} \qquad (2-100)$$

故得到

$$S_{ji}(E) = \frac{\sqrt{1 + \Delta E/E} - 1}{\Delta E/E} \qquad (2-101)$$

各阶模态频率对弹性模量在相对变化为 $\pm 5\%$ 的范围内的灵敏度如图 2-31 所示，其值都大于阈值，所以在弯曲振动中需要修正 E。

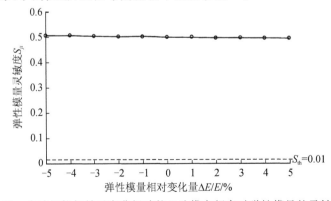

图 2-31　实验短拉杆转子弯曲振动前 2 阶模态频率对弹性模量的灵敏度分析

　　根据需要修正的参数,下面分析转子在自由边界条件下进行模型修正时需测试的模态阶数。如图 2-32 所示为转子在自由边界条件下前 5 阶弯曲振动模态频率对几何截面突变处弯曲刚度的灵敏度分析结果,与图 2-27 对比可知两种边界条件下前 2 阶弯曲振动模态频率对几何截面突变处弯曲刚度的灵敏度基本相同,说明只需要测试自由边界条件下的前 2 阶模态即可,但为了提高修正精度,可以在此基础上增选第 3~5 阶模态。

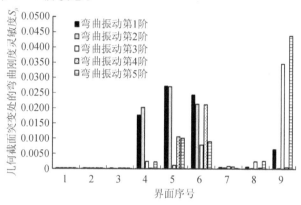

图 2-32　实验短拉杆转子前 5 阶弯曲振动模态频率对几何截面突变处弯曲刚度的灵敏度分析

　　如图 2-33 所示为转子在自由边界条件下前 5 阶弯曲振动模态频率对接触界面处弯曲刚度的灵敏度分析结果,与图 2-29 对比可知两种边界条件下前 2 阶弯曲振动模态频率对接触界面处弯曲刚度的灵敏度也基本相同,同样说明只需要测试自由边界条件下的前 2 阶模态频率即可。但为了提高参数修正精度,可以在此基础上增选第 3、4 和 5 阶模态频率(可见第 3、5 阶弯曲振动模态频率对截面 C3 处的弯曲刚度的灵敏度较大,增选上述两阶模态频率可以提高参数的修正精度)。

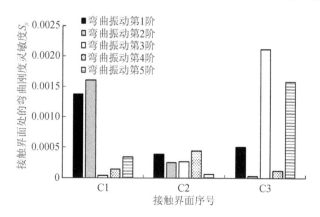

图 2-33　实验短拉杆转子前 5 阶弯曲振动模态频率对接触界面处弯曲刚度的灵敏度分析

实验短拉杆转子的三维有限元模型和梁单元模型通过 ANSYS 建立,如图 2-34 和图 2-35 所示,自由边界条件下前 5 阶弯曲振动模态频率的计算结果如表 2-12 所示,各阶弯曲振动的振型如图 2-36 所示。可见,梁单元有限元模型的第 1、2、3、5 阶模态频率相对三维有限元模型的计算值有一定的误差,且前 5 阶模态频率的均方根误差为 6.33%。

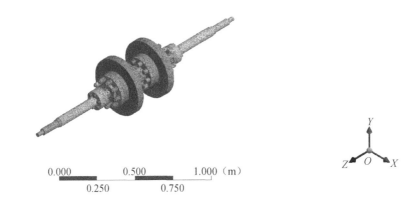

图 2-34 实验短拉杆转子的三维有限元模型

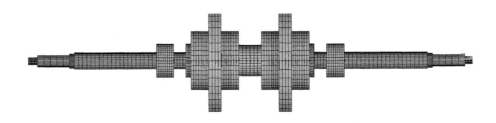

图 2-35 实验短拉杆转子梁单元的有限元模型

表 2-12 实验短拉杆转子弯曲振动模态的频率初始计算值

阶数	三维有限元模型 $\hat{\omega}_j$/Hz	修正前梁单元模型 ω_j/Hz	相对误差 ε_j/%
1	145.79	143.50	−1.57
2	204.30	200.71	−1.76
3	572.80	590.50	3.09
4	726.97	726.50	−0.06
5	864.60	907.75	4.99

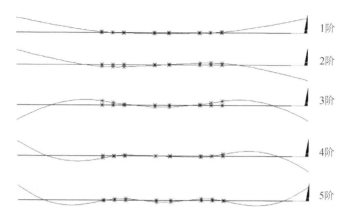

图 2-36　实验短拉杆转子前 5 阶弯曲振动模态的振型(自由边界条件)

　　由于实验短拉杆转子的梁单元模型根据表 2-9 的初始参数计算得到的各阶模态频率误差较大,需要对变截面处弹簧连接单元的刚度参数进行修正。表2-13为修正前后的参数值,如图 2-37 所示由实验短拉杆转子梁单元模型计算的各阶弯曲振动模态频率相对误差的量值在参数修正后较修正前变小,修正后各阶弯曲振动模态频率的均方根误差由修正前的 6.33% 降为 1.38%。

表 2-13　实验短拉杆转子几何截面突变处弯曲刚度的初始值及修正值

截面序号	K_c 初始值/(N·m/rad)	K_c 修正值/(N·m/rad)
4、5	9.12×10^6	1.52×10^7
6	1.00×10^7	8.17×10^6
9	6.68×10^7	4.18×10^7

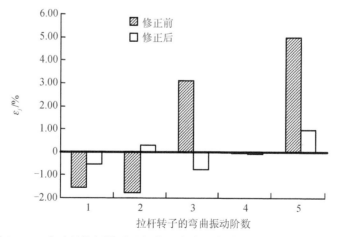

图 2-37　实验短拉杆转子几何截面突变处弯曲刚度修正前后前 5 阶
弯曲振动模态频率的相对误差

在得到与三维有限元模型等效的梁单元模型后,采用自由边界条件下的模态实验结果作为参考,修正梁单元模型中接触界面的弯曲刚度和材料弹性模量值。实验短拉杆转子在自由边界条件下的实验模态频率通过敲击模态实验得到,如图2-38所示转子通过弹性绳悬挂起来以等效自由边界条件。通过力锤(LC-1型,其配用的YDL-1型力传感器的量程为5 kN,电荷灵敏度为4PC/N)在水平方向敲击转子激励起转子各阶模态振动,加速度信号通过安装在转子水平方向的压电式加速度传感器来测量,最后通过测得的频响函数得到转子的各阶实验模态频率。

图2-38 实验短拉杆转子弯曲振动的模态实验

接触界面的弯曲刚度和材料弹性模量修正前后的值如表2-14所示,修正后的接触界面弯曲刚度对应的单位面积法向接触刚度 $k_n = 4.489 \times 10^{12}$ N/m³,如图2-39所示拉杆转子各阶弯曲振动模态频率计算值的相对误差 ε_j 的均方根误差由修正前的2.93%降为1.12%。如表2-15所示,由拉杆转子经修正后的梁单元模型计算得到的前5阶弯曲振动模态频率与实验值的相对误差 ε_{j1} 皆小于2%,均方根误差为2.05%,说明经过修正的梁单元模型能更精确地分析拉杆转子的动力学特性。

表2-14 实验短拉杆转子接触界面处弯曲刚度和弹性模量的初始值及修正值

参数	初始值	修正值
(截面 C1)K_M/(N·m/rad)	1.43×10^8	6.42×10^7
(截面 C2、C3)K_M/(N·m/rad)	1.06×10^9	4.78×10^8
弹性模量 E/GPa	206.00	214.83

表2-15 实验短拉杆转子弯曲振动模态频率的实验值和计算值

阶数	实验值 $\tilde{\omega}_j$/Hz	修正后梁单元模型 ω_{j1}/Hz	相对误差 ε_{j1}/%
1	147.5	145.96	−1.04
2	207.5	206.77	−0.35
3	573.8	570.98	−0.49
4	736.3	736.98	0.09
5	864.4	878.72	1.66

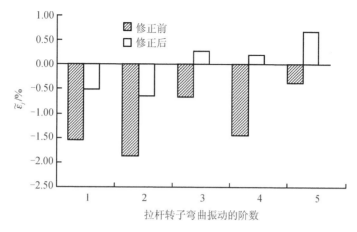

图 2 - 39　实验短拉杆转子接触界面弯曲刚度和材料弹性模量修正前后前
　　　　　5 阶弯曲振动模态频率的相对误差

2.2.3.2　扭转振动梁单元模型的修正

扭转振动一般是针对整个轴系，而对于单个的转子只需要考虑第一阶扭转振动即可。由于扭转振动可以忽略支承的影响，所以只需根据自由边界条件下的扭转振动确定需要修正的参数。根据参数灵敏度分析可得第 1 阶扭转振动模态频率对各几何截面突变处的抗扭刚度 K_T 的灵敏度如图 2 - 40 所示，扭转振动第 1 阶模态频率对接触界面处的抗扭刚度 K_T 的灵敏度如图 2 - 41 所示。同样，待修正参数的初始值估计的误差范围如表 2 - 11 所示，结合式(2 - 86)可以计算出灵敏度的阈值 S_{th}。可见第 1 阶扭转振动模态频率对抗扭刚度的灵敏度大于设定阈值的有截面 8、9 和 C3 处的值。所以在拉杆转子弯曲振动梁单元模型修正中需要修正

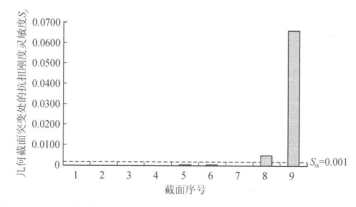

图 2 - 40　实验短拉杆转子扭转振动第 1 阶模态频率对几何截面突变处抗
　　　　　扭刚度的灵敏度分析

上述截面处的抗扭刚度值。由于泊松比 ν 直接影响的是剪切弹性模量 G_r，所以修正中通过修正剪切弹性模量 G_r 代替修正泊松比 ν。根据式（2-80）计算得第 1 阶扭转振动模态频率对 G_r 的灵敏度 $S_{ji}=0.3622$，其远大于如图 2-41 所示的第 1 阶扭转振动模态频率对接触界面处抗扭刚度 K_T 的灵敏度 S_{ji} 的最大值 0.0028，需要进行修正。由于需要修正的参数大于扭转振动的模态阶数，该问题是典型的欠定系统，所以采用式（2-92）进行修正。根据表 2-11，G_r 的误差范围约为接触界面抗扭刚度的 1/20，所以 K_T 和 G_r 的相对误差的加权系数分别取为 1/20 和 1。

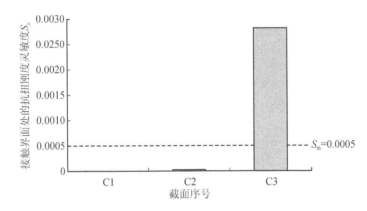

图 2-41　实验短拉杆转子扭转振动第 1 阶模态频率对接触界面处抗扭刚度的灵敏度分析

　　截面 8、9 处的抗扭刚度在修正前后的值如表 2-16 所示，可见截面 9 处的抗扭刚度在修正前后变化较大（减小 4.00%），而截面 8 处的值变化较小（减小 0.32%），这是因为第 1 阶扭转振动模态频率对截面 9 处抗扭刚度的灵敏度远大于在截面 8 处的值，而修正中选择使得需要修正的参数变化最小的解作为最优解，所以根据式（2-86）计算得到的灵敏度较大的参数较灵敏度小的参数变化大。修正前后梁单元模型扭转振动的第 1 阶模态频率计算值分别为 678.46 Hz 和 683.40 Hz，而三维有限元模型计算值（683.40 Hz）的相对误差由修正前的 0.72% 下降到 0.0032%。

表 2-16　实验短拉杆转子几何截面突变处抗扭刚度的初始值及修正值

参数	初始值	修正值
（截面 8）$K_T/(\text{N}\cdot\text{m/rad})$	9.13×10^8	9.22×10^8
（截面 9）$K_T/(\text{N}\cdot\text{m/rad})$	8.73×10^7	9.52×10^7

　　在得到与三维有限元模型等效的梁单元模型后，以自由边界条件下的模态实验作为参考修正梁单元模型中接触界面的抗扭刚度和材料剪切弹性模量值。如图

2-42 所示,转子通过弹性绳悬挂起来以等效自由边界条件。通过敲击安装在转子末端的扭杆激励起转子各阶扭转振动,加速度信号通过安装在转子圆周切向方向的压电式加速度传感器来测量,最后由测得的频响函数得到转子的各阶实验模态频率。拉杆预紧力与在弯曲振动模态实验中的值相同,扭杆在梁单元模型中通过施加附加的转动惯量,修正前后的第 1 阶扭转振动模态频率值,如表 2-17 所示,而修正前后 C3 接触界面的抗扭刚度值和材料剪切的弹性模量值如表 2-18 所示,修正后 C3 接触界面的抗扭刚度值对应的单位面积切向接触刚度 $k_t = 3.598 \times 10^{12}$ N/m³。修正后的梁单元模型扭转振动的第 1 阶模态频率计算值相对实验值的误差由修正前的 1.057% 下降到 -0.018%。

图 2-42 实验短拉杆转子扭转振动的模态实验

表 2-17 实验短拉杆转子扭转振动第 1 阶模态频率的实验值和计算值

实验值 $\tilde{\omega}_j$/Hz	修正前梁单元模型 ω_j/Hz	修正后梁单元模型 ω_{j1}/Hz	相对误差 ε_{j1}/%
665.00	672.03	665.12	-0.018

表 2-18 实验短拉杆转子 C3 接触界面处抗扭刚度和剪切弹性模量的初始值及修正值

参数	初始值	修正值
(截面 C3)K_T/(N·m/rad)	7.83×10^8	7.65×10^8
剪切弹性模量 G_r/GPa	83.52	81.16

2.2.3.3 不同预紧力下的接触界面刚度

利用已经修正过的梁单元模型,根据不同预紧力下的模态频率的实验值(见表 2-19),可以通过模型修正的方法识别出转子接触界面处的刚度的变化值,如表 2-20 为不同预紧力下拉杆转子接触界面上的单位面积法向和切向接触刚度值,可以看到其刚度随名义压应力的减小而减小。

表 2 - 19　实验短拉杆转子在不同预紧力下弯曲振动和扭转振动模态频率的实验值

接触面名义压应力 P_a/MPa	弯曲振动 $\tilde{\omega}_j$/Hz					扭转振动 $\tilde{\omega}_j$/Hz
	1 阶	2 阶	3 阶	4 阶	5 阶	1 阶
11.15	147.5	207.5	573.8	736.3	864.4	665.0
5.52	146.9	206.9	559.4	733.1	848.1	644.4
2.74	144.4	205.6	527.5	725.0	818.8	635.6
1.65	142.5	203.8	516.3	713.1	811.3	623.1

表 2 - 20　实验短拉杆转子在不同预紧力下单位面积上的法向和切向接触刚度值

接触面名义压应力 P_a/MPa	k_n/(N/m³)	k_T/(N/m³)
11.15	4.489×10^{12}	3.598×10^{12}
5.52	1.173×10^{12}	1.032×10^{12}
2.74	4.206×10^{11}	7.782×10^{11}
1.65	3.373×10^{11}	5.706×10^{11}

2.3　拉杆转子预紧力设计

2.3.1　预紧力设计原则

　　燃气轮机拉杆转子是一种典型的组合式转子,由一根中心拉杆或者多根周向拉杆穿过各级轮盘,通过拉杆施加预紧力,将轮盘压紧以将组合转子结合为一体。燃气轮机转子在运行中受到多种工作载荷的影响,如燃气轮机内部温度梯度引起的热应力、转子转动对周向拉杆的离心力、转子轮盘的泊松效应、轴向推力等。拉杆预紧力太小时转子将不能正常连接和运转;预紧力太大时拉杆螺栓和其他部件的强度安全储备将降低。拉杆预紧力大小的确定一直是拉杆转子设计中极为重要的问题。设置合适的拉杆预紧力对于拉杆转子的稳定运行具有重要意义。

　　燃气轮机转子轮盘间的接触面有平面和端面齿两种,下面分别介绍两种接触界面的预紧力设计校核方法[19,20]。

2.3.2　平面接触界面的预紧力设计

　　图 2 - 43 为某燃气轮机的典型结构示意图,轴承一般在轴承支承位置 1 和轴承支承位置 2,在轴承支承时转子受重力弯矩最大的接触面一般出现在转子受重力弯矩的最大位置 3 处。

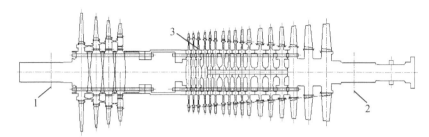

1—轴承位置1；2—轴承位置2；3—转子受重力弯矩的最大位置。

图 2-43　某燃气轮机的典型结构示意图

轮盘间平面接触的燃气轮机拉杆转子预紧力设计的校核方法包括以下步骤。

1. 燃气轮机转子重力弯矩和运行扭矩的确定

为得到较为精确的转子重力弯矩沿轴线变化的数据，一般用材料力学或有限元方法对重力弯矩进行计算。在两端轴承处刚支，添加重力载荷，提取轮盘之间接触面上的支反弯矩，作出重力弯矩沿转子轴线的变化曲线，找出受到重力弯矩最大的接触面。作用在转子上的扭矩一般为转子运行时的额定扭矩。

2. 接触面参数的计算

通过采用常规方法计算步骤 1，得到重力弯矩最大的截面面积 A_c、截面对直径的轴惯性矩 I_d、截面极惯性矩 I_p。

3. 重力产生的最大脱开应力和拉杆预紧力产生的压应力计算

燃气轮机拉杆转子通过拉杆螺栓将轮盘和轴头预紧组合在一起，轮盘之间通过鼓环状结构连接，接触平面一般为圆环面。圆环受弯矩 M_b 作用时的应力分布如图 2-44 所示。此时弯矩在接触平面上产生的最大应力 $\sigma = M_b R_{out}/I_d$，其中 R_{out}

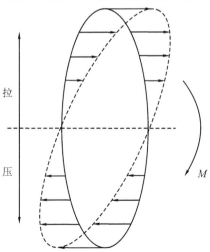

图 2-44　燃气轮机拉杆转子轮盘之间的接触面在受弯矩作用下的应力分布

为圆环接触面外半径。拉杆预紧力 F_a 产生的压应力 $p = F_a/A_c$。

4. 扭矩和预紧力作用下的切应力计算

燃气轮机轮盘之间的环形接触平面,受扭矩 M_T 作用时的应力分布如图 2-45 所示。此时扭矩在接触平面上产生的最大切应力 $\tau_{Tp} = M_T R_{out}/I_p$。在拉杆预紧力 F_a 作用下,最大静摩擦力产生的切应力 $\tau_{fp} = \mu F_a/A_c$,其中,μ 为静摩擦系数。

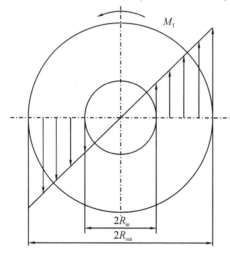

图 2-45 燃气轮机拉杆转子轮盘之间的接触面在受扭矩作用下的切应力分布

5. 计算弯曲刚度的无量纲系数 $\gamma_{bp} = \sigma/p$

其物理意义为重力产生的最大脱开应力与拉杆预紧力产生的压应力的比值。若 $\gamma_{bp} < 1.0$,表示接触面所受的脱开力小于压紧力,接触面接触良好;若 $\gamma_{bp} \geq 1.0$,表示接触面所受的脱开力大于压紧力,接触面开始发生脱离,这种情况在实际运行过程中是不允许出现的。图 2-46 展示了对于某轮盘之间接触面为平面的燃气轮

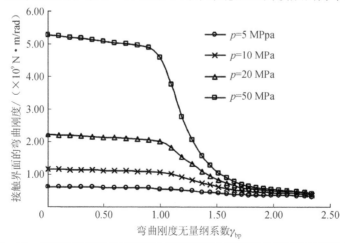

图 2-46 拉杆转子接触界面的弯曲刚度随弯曲刚度无量纲系数的变化关系

机,其接触界面的弯曲刚度随弯曲刚度无量纲系数的变化情况。接触界面刚度可以直观地表征接触段的接触状态。可以看出,在弯曲刚度无量纲系数 $\gamma_{bp} < 1.0$ 时,接触面接触良好,接触段的刚度基本不变;在弯曲刚度无量纲系数 $\gamma_{bp} \geqslant 1.0$ 时,接触段的刚度急剧下降,表明接触段已经开始发生脱离。

6. 计算扭转刚度无量纲系数 $\gamma_{Tp} = \tau_{Tp}/\tau_{fp}$

其物理意义为扭矩产生的最大切应力与拉杆预紧力作用下最大静摩擦力产生的切应力的比值。若 $\gamma_{Tp} < 1.0$,表示接触面所受的扭矩产生的最大切应力小于最大静摩擦力产生的切应力,接触面接触良好;若 $\gamma_{Tp} \geqslant 1.0$,表示接触面所受的扭矩产生的最大切应力大于最大静摩擦力产生的切应力,接触面开始发生滑移,这种情况在实际运行过程中是不允许出现的。在扭转刚度无量纲系数 $\gamma_{Tp} < 1.0$ 时,接触面接触良好,接触段的扭转刚度基本不变;在扭转刚度无量纲系数 $\gamma_{Tp} \geqslant 1.0$ 时,接触段的扭转刚度急剧下降,表明接触面已经开始发生滑移。

7. 预紧力校核

根据弯曲刚度无量纲系数 γ_{bp} 和最大脱开应力 σ,得出所需的设计拉杆预紧力值:$F_a = A_c\sigma/\gamma_{bp}$;弯曲刚度无量纲系数 γ_{bp} 必须小于 1.0,为保证足够的安全裕量使接触面不致脱开同时兼顾转子的强度储备,弯曲刚度无量纲系数 γ_{bp} 一般取 0.1。校核扭转刚度无量纲系数的数值,至少需要保证扭转刚度无量纲系数 γ_{Tp} 小于 1.0。为保证安全需要留有一定的安全裕量。

综合以上步骤,确定轮盘间平面接触的燃气轮机拉杆转子预紧力设计校核方法的流程,见图 2-47。

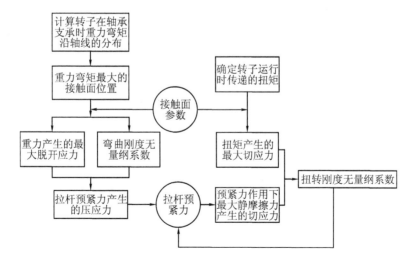

图 2-47 轮盘间平面接触的燃气轮机拉杆转子预紧力设计校核方法的流程图

2.3.3 端面齿接触界面的预紧力设计

端面齿接触界面与平面接触界面在结构上的差异造成二者的预紧力设计方法不同,本节将介绍端面齿接触界面预紧力设计的校核方法。

轮盘间端面齿接触界面见图 2-43。同样,轴承一般位于轴承支承位置 1 和轴承支承位置 2 处,在轴承支承时转子受重力弯矩最大的接触面一般出现在转子受重力弯矩最大的位置 3 处。

轮盘间端面齿接触的燃气轮机拉杆转子预紧力设计的校核方法,包括以下步骤。

1. 燃气轮机转子重力弯矩和运行扭矩的确定

为得到较为精确的转子重力弯矩沿轴线变化的数据,一般用材料力学或有限元方法对重力弯矩进行计算。在两端轴承处刚支,添加重力载荷,提取轮盘之间接触面上的支反弯矩,做出重力弯矩沿转子轴线的变化曲线,找出受到重力弯矩最大的接触面。作用在转子上的扭矩一般为转子运行时的额定扭矩。

2. 接触面参数的计算

采用常规方法计算由步骤 1 得到的受重力弯矩最大处的接触界面的截面面积 A_c、截面对直径的轴惯性矩 I_d,计算截面参数时将端面齿接触面近似为平面圆环。

3. 重力产生的最大脱开应力和拉杆预紧力产生的压应力计算

燃气轮机拉杆转子通过拉杆螺栓将轮盘和轴头预紧组合在一起,轮盘之间通过鼓环状结构连接,端面齿接触面一般也为圆环面,受弯矩 M_b 作用时的应力分布与平面接触面相同,如图 2-44 所示。此时弯矩在接触平面上产生的最大应力 $\sigma = M_b R_{out} / I_d$,其中 R_{out} 为圆环接触面外半径,见图 2-48。拉杆预紧力 F_a 产生的压应力 $p = F_a / A_c$。

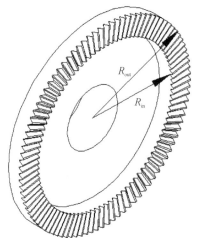

图 2-48 端面齿接触界面的内径和外径示意图

4. 扭矩在端面齿接触面上产生的轴向脱开力计算

燃气轮机轮盘之间的端面齿齿面受力情况如图 2-22 所示。此时扭矩在接触平面上产生的轴向脱开力

$$F_{va} = 2M_T \tan(\theta/2)/(R_{in} + R_{out})$$

式中，θ 为齿形角；R_{in} 为截面内半径。

5. 计算弯曲刚度的无量纲系数 $\gamma_{bf} = \sigma/p$

其物理意义为重力产生的最大脱开应力与拉杆预紧力产生的压应力的比值。若 $\gamma_{bf} < 1.0$，表示接触面所受的脱开力小于压应力，接触面接触良好；若 $\gamma_{bf} \geq 1.0$，表示接触面所受的脱开力大于压应力，接触面开始发生脱离，这种情况在实际运行过程中是不允许出现的。图 2-49 展示了对于某轮盘之间接触面为端面齿的燃气轮机，其接触界面的弯曲刚度随弯曲刚度无量纲系数的变化情况。接触界面刚度可以直观地表征接触段的接触状态。可以看出，在弯曲刚度无量纲系数 $\gamma_{bf} < 1.0$ 时，接触面接触良好，接触段的刚度基本不变；在弯曲刚度无量纲系数 $\gamma_{bf} \geq 1.0$ 时，接触段的刚度急剧下降，表明接触段已经开始发生脱离。

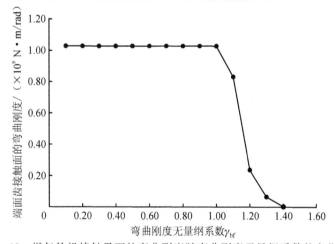

图 2-49　燃气轮机接触界面的弯曲刚度随弯曲刚度无量纲系数的变化关系

6. 计算扭转刚度无量纲系数 $\gamma_{Tf} = F_{va}/F$

其物理意义为扭矩产生的轴向脱开力与拉杆预紧力的比值。若 $\gamma_{Tf} < 1.0$，表示端面齿接触面所受的扭矩产生的轴向脱开力小于预紧力，接触面接触良好；若 $\gamma_{Tf} \geq 1.0$，表示端面齿接触面所受的扭矩产生的轴向脱开力大于预紧力，接触面开始发生滑移，这种情况在实际运行过程中是不允许出现的。图 2-50 展示了对于某轮盘之间接触面为端面齿的燃气轮机，其接触界面的扭转刚度随扭转刚度无量纲系数的变化情况。在扭转刚度无量纲系数 $\gamma_{Tf} < 1.0$ 时，接触面接触良好，接触段的扭转刚度基本不变；在扭转刚度无量纲系数 $\gamma_{Tf} \geq 1.0$ 时，接触段的扭转刚度急剧下降，表明接触面已经开始发生滑移。

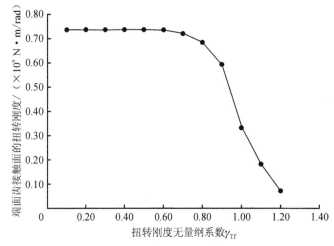

图 2-50　燃气轮机接触界面的扭转刚度随扭转刚度无量纲系数的变化关系

7. 预紧力校核

根据弯曲刚度无量纲系数 γ_{bf} 和最大脱开应力 σ，得出所需的设计拉杆预紧力值：$F_a = A\sigma/\gamma_{bf}$；弯曲刚度无量纲系数 γ_{bf} 必须小于 1.0，为保证足够的安全裕量使接触面不致脱开同时兼顾转子的强度储备，弯曲刚度无量纲系数 γ_{bf} 一般取 0.1。校核扭转刚度无量纲系数的数值，至少需要保证扭转刚度无量纲系数 γ_{Tf} 小于 1.0。为保证安全需要留有一定的安全裕量。

结合上述步骤，得到端面齿接触的燃气轮机拉杆转子预紧力设计流程，如图 2-51 所示。

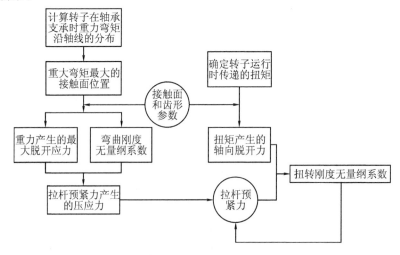

图 2-51　端面齿接触的燃气轮机拉杆转子预紧力设计流程

表 2-21 所示为目前燃气轮机市场中已知的几种燃气轮机拉杆转子的拉杆参数。由表中可看出,尽管出于具体运行工况和边界条件的安全性考虑,弯曲无量纲系数不尽相同,但所有燃气轮机拉杆转子的弯曲刚度无量纲系数均为 0.1 左右,同时保证扭转刚度无量纲系数均小于 1。这里还验证了燃气轮机拉杆转子拉杆预紧力设计方法的合理性和正确性。

表 2-21　燃气轮机拉杆转子的拉杆参数汇总表

指标参数	A 型转子	B 型转子	C 型转子	D 型转子	E 型转子
转子总重/kg	12572	4200	89000	81374	77466
功率/kW	50000	6000	240240	273000	255600
拉杆数	12	10	12	1	15
材料	IN718	25Cr2MoVA	IN718	26NiCrMoV115	NiCrMoV
拉杆屈服极限/MPa	1124	588	1124	822	710
拉杆预紧力/N	6.24×10^5	3.33×10^5	2.73×10^6	2.45×10^7	2.56×10^6
拉杆预应力与屈服极限之比	0.577	0.5	0.533	0.484	0.5
接触面名义压应力/MPa	—	—	82.0	96~152	62~96
拉杆直径/mm	35	38	76.2	280	91.9
凸台直径/mm	42	44	84.36	297	—
凸台直径间隙/mm	0.5	0.06	0.02	3	
弯曲刚度无量纲系数	0.0725	0.0434	0.1080	0.1000	0.0940
扭转刚度无量纲系数	0.3467	0.0468	0.4247	0.7553	0.4849
压气机轮盘级数	17	13	17	15	18

参考文献

[1] CHAUDHRY J A. Three-dimensional finite element analysis of rotors in gas turbines, steam turbines and axial pumps including blade vibrations[D]. Virginia: University of Virginia, 2011.

[2] ZHANG Y C, DU Z G, SHI L M, et al. Determination of contact stiffness of rod-fastened rotors based on modal test and finite element analysis[J]. Journal of engineering for gas turbines and power, 2010, 132 (9): 094501-094504.

[3] STEPHENSON R W, ROUCH K E, ARORA R. Modeling of rotors with

axisymmetric solid harmonic elements[J]. Journal of sound and vibration, 1989, 131 (3): 431 – 443.

[4] STEPHENSON R W, ROUCH K E. Modeling rotating shafts using axisymmetrical solid finite-elements with matrix-reduction[J]. Journal of vibration and acoustics, 1993, 115 (4): 484 – 489.

[5] CHATELET E, D'AMBROSIO F, JACQUET-RICHARDET G. Toward global modelling approaches for dynamic analysis of rotating assemblies of turbomachines[J]. Journal of sound and vibration, 2005, 282 (1 – 2): 163 – 178.

[6] NANDI A, NEOGY S. Modelling of rotors with three-dimensional solid finite elements[J]. Journal of strain analysis for engineering design, 2001, 36 (4): 359 – 371.

[7] RICCI R, PENNACCHI P, PESATORI E, et al. Modeling and model updating of torsional behavior of an industrial steam turbo generator[J]. Journal of engineering for gas turbines and power, 2010, 132 (7): 501 – 507.

[8] BACHSCHMID N, PENNACCHI P, VANIA A. Identification of multiple faults in rotor systems[J]. Journal of sound and vibration, 2002, 254 (2): 327 – 366.

[9] LEES A W, SINHA J K, FRISWELL M I. Model-based identification of rotating machines[J]. Mechanical systems and signal processing, 2009, 23 (6): 1884 – 1893.

[10] PENNACCHI P, VANIA A, BACHSCHMID N. Fault identification in industrial rotating machinery: theory and applications [C]//IUTAM Symposium on Emerging Trends in Rotor Dynamics, 2011: 455 – 467.

[11] VANCE J M. Machinery vibration and rotordynamics[M]. New York: Wiley, 2010.

[12] DONG G H, JING M Q, LIU H. Model updating for disk-rod-fastening rotor based on DOE [C]//2011 IEEE International Conference on Mechatronics and Automation, 2011: 1368 – 1372.

[13] KIESEL T F. Flexible multi-body simulation of a complex rotor system using 3d solid finite elements [D]. Munich: Technical University of Munich, 2017.

[14] FOX R L, KAPOOR M P. Rates of change eigenvalues and eigenvectors [J]. AIAA journal, 1968, 6 (12): 24 – 26.

［15］ GAO J，YUAN Q，LI P，et al. Effects of bending moments and pretightening forces on the flexural stiffness of contact interfaces in rod-fastened rotors［J］. Journal of engineering for gas turbines and power，2012，134 (10)：102503.

［16］ DINI D，HILLS D A. Frictional energy dissipation in a rough hertzian contact［J］. Journal of tribology，2009，131 (2)：401－408.

［17］ 尹泽勇，欧圆霞，李彦，等. 端齿轴段刚度及其对转子动力特性的影响［J］. 振动工程学报，1993，32(1)：63－67.

［18］ 高进. 燃气轮机拉杆式转子动力特性及故障识别研究［D］. 西安：西安交通大学，2013.

［19］ 袁奇，刘昕，刘洋. 轮盘间端面齿接触的燃气轮机拉杆转子预紧力设计校核方法：201410234823.0［P］.2014－09－03.

［20］ 袁奇，刘昕，刘洋. 轮盘间平面接触的燃气轮机拉杆转子预紧力设计校核方法：201410178520.1［P］.2017－04－26.

第 **3** 章

燃气轮机拉杆转子动力学分析

3.1 转子动力学方程

3.1.1 非线性方程线性化

动力学系统的控制方程通常为非线性方程,为方便研究一般对上述方程进行线性化处理。非线性常微分方程可表示为

$$M(q, t)\ddot{q} + f^{c}(\dot{q}, q, t) = f^{e}(\dot{q}, q, t) \qquad (3-1)$$

式中,$M(q, t)\ddot{q}$,$f^{c}(\dot{q}, q, t)$ 和 $f^{e}(\dot{q}, q, t)$ 分别代表惯性力、约束力和激振外力。选择静平衡位置为线性化参考点,即

$$\ddot{q}_{R} = \dot{q}_{R} = 0 \qquad (3-2)$$

对非线性方程各项在静平衡位置进行一阶泰勒展开可得

$$M(q, t)\ddot{q} \approx M(q_{R}, t)\ddot{q}_{R} + \frac{\partial M(q, t)\ddot{q}}{\partial q}\bigg|_{\substack{q=q_{R} \\ \dot{q}=\dot{q}_{R}}} \Delta q + \frac{\partial M(q, t)\ddot{q}}{\partial \ddot{q}}\bigg|_{\substack{q=q_{R} \\ \dot{q}=\dot{q}_{R}}} \Delta \ddot{q}$$

$$(3-3)$$

$$f^{c}(\dot{q}, q, t) \approx f^{c}(\dot{q}_{R}, q_{R}, t) + \frac{\partial f^{c}(\dot{q}, q, t)}{\partial q}\bigg|_{\substack{q=q_{R} \\ \dot{q}=\dot{q}_{R}}} \Delta q + \frac{\partial f^{c}(\dot{q}, q, t)}{\partial \dot{q}}\bigg|_{\substack{q=q_{R} \\ \dot{q}=\dot{q}_{R}}} \Delta \dot{q}$$

$$(3-4)$$

$$f^{e}(\dot{q}, q, t) \approx f^{e}(\dot{q}_{R}, q_{R}, t) + \frac{\partial f^{e}(\dot{q}, q, t)}{\partial q}\bigg|_{\substack{q=q_{R} \\ \dot{q}=\dot{q}_{R}}} \Delta q + \frac{\partial f^{e}(\dot{q}, q, t)}{\partial \dot{q}}\bigg|_{\substack{q=q_{R} \\ \dot{q}=\dot{q}_{R}}} \Delta \dot{q}$$

$$(3-5)$$

将式(3-3)至式(3-5)代入式(3-1),并合并相对应系数可得线性化方程

$$M(t)\Delta\ddot{q} + A(t)\Delta\dot{q} + B(t)\Delta q = f(t) \qquad (3-6)$$

其中

$$M(t) = \frac{\partial M(q, t)\ddot{q}}{\partial \ddot{q}}\bigg|_{\substack{q=q_{R} \\ \dot{q}=\dot{q}_{R}}} = M(q_{R}, t)$$

$$A(t) = \frac{\partial \boldsymbol{f}^{c}(\dot{\boldsymbol{q}},\, \boldsymbol{q},\, t)}{\partial \dot{\boldsymbol{q}}}\Bigg|_{\substack{q=q_{R} \\ \dot{q}=\dot{q}_{R}}} - \frac{\partial \boldsymbol{f}^{e}(\dot{\boldsymbol{q}},\, \boldsymbol{q},\, t)}{\partial \dot{\boldsymbol{q}}}\Bigg|_{\substack{q=q_{R} \\ \dot{q}=\dot{q}_{R}}}$$

$$B(t) = \frac{\partial \boldsymbol{f}^{c}(\dot{\boldsymbol{q}},\, \boldsymbol{q},\, t)}{\partial \boldsymbol{q}}\Bigg|_{\substack{q=q_{R} \\ \dot{q}=\dot{q}_{R}}} - \frac{\partial \boldsymbol{f}^{e}(\dot{\boldsymbol{q}},\, \boldsymbol{q},\, t)}{\partial \boldsymbol{q}}\Bigg|_{\substack{q=q_{R} \\ \dot{q}=\dot{q}_{R}}} + \frac{\partial \boldsymbol{M}(\boldsymbol{q},\, t)\ddot{\boldsymbol{q}}}{\partial \boldsymbol{q}}\Bigg|_{\substack{q=q_{R} \\ \dot{q}=\dot{q}_{R}}}$$

$$\boldsymbol{f}(t) = \boldsymbol{f}^{e}(\dot{\boldsymbol{q}}_{R},\, \boldsymbol{q}_{R},\, t) - \boldsymbol{f}^{c}(\dot{\boldsymbol{q}}_{R},\, \boldsymbol{q}_{R},\, t) - \boldsymbol{M}(\boldsymbol{q}_{R},\, t)\ddot{\boldsymbol{q}}_{R}$$

由于各个系数和时间无关,所以,进一步简化得到相应的常系数线性常微分方程组。为方便起见用 $\ddot{\boldsymbol{q}}$, $\dot{\boldsymbol{q}}$, $\boldsymbol{q}$ 代替 $\Delta\ddot{\boldsymbol{q}}$, $\Delta\dot{\boldsymbol{q}}$, $\Delta\boldsymbol{q}$,可得到常系数线性常微分方程

$$\boldsymbol{M}\ddot{\boldsymbol{q}} + \boldsymbol{A}\dot{\boldsymbol{q}} + \boldsymbol{B}\boldsymbol{q} = \boldsymbol{f}(t) \tag{3-7}$$

质量矩阵 $\boldsymbol{M}$ 对称正定,$\boldsymbol{M}=\boldsymbol{M}^{T}>0$,矩阵 $\boldsymbol{A},\boldsymbol{B}$ 通常非对称,均可分解为对称矩阵和反对称矩阵之和。因此得到

$$\boldsymbol{M}\ddot{\boldsymbol{q}}(t) + (\boldsymbol{C} + \boldsymbol{G}(\Omega))\dot{\boldsymbol{q}}(t) + (\boldsymbol{K} + \boldsymbol{N}(\Omega))\boldsymbol{q}(t) = \boldsymbol{f}(t) \tag{3-8}$$

其中

$$\boldsymbol{M} = \boldsymbol{M}^{T} \quad \text{质量矩阵（对称）}$$

$$\boldsymbol{C} = \boldsymbol{C}^{T} \quad \text{阻尼矩阵（对称）}$$

$$\boldsymbol{G} = -\boldsymbol{G}^{T} \quad \text{陀螺矩阵（反对称）}$$

$$\boldsymbol{K} = \boldsymbol{K}^{T} \quad \text{刚度矩阵（对称）}$$

$$\boldsymbol{N} = -\boldsymbol{N}^{T} \quad \text{循环矩阵（反对称）}$$

$$\boldsymbol{f}(t) \quad \text{时变外力}$$

刚度矩阵 $\boldsymbol{K}$ 包括转子刚度和支承刚度两部分,支承刚度来自于轴承刚度和基础刚度。循环矩阵 $\boldsymbol{N}$ 通过弹簧阻尼单元表征油膜轴承,由于油膜力通常是位移和转速的函数,所以非保守力引起的矩阵 $\boldsymbol{N}$ 为反对称矩阵:

$$\boldsymbol{N} = \boldsymbol{N}(\Omega), \quad n_{ij} = -n_{ji}, \quad n_{ii} = 0 \tag{3-9}$$

阻尼矩阵 $\boldsymbol{C}$ 对系统稳定性十分重要,通常可分为外阻尼（静止阻尼）和内阻尼（旋转阻尼）,如图 3-1 所示。在旋转系统中,外阻尼和绝对转速有关,而内阻尼和相对转速有关。从系统稳定性方面考虑,外阻尼对转子稳定性有益,而内阻尼在一定转速范围内可能导致转子失稳。

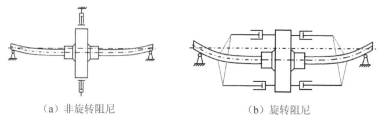

（a）非旋转阻尼　　　　　　　　　　（b）旋转阻尼

图 3-1　非旋转阻尼和旋转阻尼的示意图

陀螺效应矩阵 $\boldsymbol{G}$ 描述旋转系统的陀螺力,为反对称矩阵

$$\boldsymbol{G} = \boldsymbol{G}(\Omega), \quad g_{ij} = -g_{ji}, \quad g_{ii} = 0 \tag{3-10}$$

3.1.2 模态正交性

模态正交性是模态平衡法和模态叠加的重要理论基础,以下将对 3 种典型系统进行介绍:(1)无阻尼系统(MK 系统);(2)比例阻尼系统(MCK 系统);(3)一般阻尼系统($MCGKN$ 系统)。

3.1.2.1 无阻尼系统(MK 系统)

无阻尼系统的齐次常微分方程为

$$M\ddot{q}(t) + Kq(t) = \mathbf{0} \qquad (3-11)$$

带入指数通解

$$q(t) = \hat{q}\mathrm{e}^{\lambda t} \qquad (3-12)$$

可得

$$(\lambda^2 M + K)\hat{q}\mathrm{e}^{\lambda t} = \mathbf{0} \qquad (3-13)$$

对应的特征多项式

$$P(\lambda) = \det(\lambda^2 M + K) = 0 \qquad (3-14)$$

对于第 i 阶和第 k 阶特征向量和特征值,可得

$$\begin{aligned} \lambda_i^2 M\hat{q}_i + K\hat{q}_i &= \mathbf{0} \\ \lambda_k^2 M\hat{q}_k + K\hat{q}_k &= \mathbf{0} \end{aligned} \qquad (3-15)$$

分别左乘 $\hat{q}_k^{\mathrm{T}}$ 和 $\hat{q}_i^{\mathrm{T}}$ 可得

$$\begin{aligned} \lambda_i^2 \hat{q}_k^{\mathrm{T}} M\hat{q}_i + \hat{q}_k^{\mathrm{T}} K\hat{q}_i &= 0 \\ \lambda_k^2 \hat{q}_i^{\mathrm{T}} M\hat{q}_k + \hat{q}_i^{\mathrm{T}} K\hat{q}_k &= 0 \end{aligned} \qquad (3-16)$$

给定 M,K 为对称正定矩阵,则有

$$\begin{aligned} \hat{q}_i^{\mathrm{T}} M\hat{q}_k &= 0 \ (\lambda_i^2 \neq \lambda_k^2) \\ \hat{q}_i^{\mathrm{T}} K\hat{q}_k &= 0 \ (\lambda_i^2 \neq \lambda_k^2) \end{aligned} \qquad (3-17)$$

建立模态矩阵

$$Q = \begin{bmatrix} \hat{q}_1 & \hat{q}_2 & \cdots & \hat{q}_n \end{bmatrix} \qquad (3-18)$$

将系统由物理坐标转换为模态坐标

$$q = Qp \qquad (3-19)$$

带入运动方程式(3-11)并左乘 Q^{T} 得到

$$Q^{\mathrm{T}} MQ\ddot{p} + Q^{\mathrm{T}} KQp = \mathbf{0} \qquad (3-20)$$

根据模态正交性可得解耦系统方程

$$\widetilde{M}\ddot{p} + \widetilde{K}p = \mathbf{0} \qquad (3-21)$$

其中

$$\widetilde{M} = Q^{\mathrm{T}} MQ = \begin{bmatrix} \widetilde{m}_1 & & 0 \\ & \ddots & \\ 0 & & \widetilde{m}_n \end{bmatrix}, \ \widetilde{K} = Q^{\mathrm{T}} KQ = \begin{bmatrix} \widetilde{k}_1 & & 0 \\ & \ddots & \\ 0 & & \widetilde{k}_n \end{bmatrix}$$

3.1.2.2 比例阻尼系统(**MCK** 系统)

任意 **MCK** 系统的自由振动可以由齐次常微分方程表示为

$$M\ddot{q}(t) + C\dot{q}(t) + Kq(t) = 0 \tag{3-22}$$

工程中为简化处理,通常引入比例阻尼(瑞利阻尼):

$$C = \alpha M + \beta K \tag{3-23}$$

常系数 α, β 通过实验测量获得或取经验值。

将式(3-23)带入式(3-22)可得

$$M\ddot{q} + (\alpha M + \beta K)\dot{q} + Kq = 0 \tag{3-24}$$

左乘模态矩阵 Q^{T} 并进行坐标变换可得

$$Q^{\mathrm{T}}MQ\ddot{p} + Q^{\mathrm{T}}(\alpha M + \beta K)Q\dot{p} + Q^{\mathrm{T}}KQp = 0 \tag{3-25}$$

即得到解耦方程为

$$\widetilde{M}\ddot{p} + \widetilde{C}\dot{p} + \widetilde{K}p = 0 \tag{3-26}$$

其中

$$\widetilde{M} = Q^{\mathrm{T}}MQ = \begin{bmatrix} \widetilde{m}_1 & & 0 \\ & \ddots & \\ 0 & & \widetilde{m}_n \end{bmatrix}, \widetilde{K} = Q^{\mathrm{T}}KQ = \begin{bmatrix} \widetilde{k}_1 & & 0 \\ & \ddots & \\ 0 & & \widetilde{k}_n \end{bmatrix}, \widetilde{C} = \alpha\widetilde{M} + \beta\widetilde{K}$$

3.1.2.3 一般阻尼系统(**MCGKN** 系统)

一般阻尼系统的齐次线性方程为

$$M\ddot{q}(t) + (C + G)\dot{q}(t) + (K + N)q(t) = 0 \tag{3-27}$$

为了分析模态正交性,首先将二阶系统转化为一阶系统:

$$\begin{bmatrix} C+G & K+N \\ K+N & 0 \end{bmatrix} \begin{bmatrix} \dot{q} \\ q \end{bmatrix} + \begin{bmatrix} M & 0 \\ 0 & -(K+N) \end{bmatrix} \begin{bmatrix} \ddot{q} \\ \dot{q} \end{bmatrix} = \begin{bmatrix} 0 \\ 0 \end{bmatrix} \tag{3-28}$$

或简化为

$$AZ + B\dot{Z} = 0 \tag{3-29}$$

其特征值和特征向量 λ_i, $\hat{z}_i$ 均可通过求解特征方程得到,由于系数矩阵 A, B 非对称,因此无法直接转换为模态矩阵进行解耦,通过引入左特征向量 l^{T} 仍然可以实现模态解耦,具体数学推导不再展开。

$$l^{\mathrm{T}}(A - \kappa B)l = 0 \tag{3-30}$$

3.1.3 转子动力学中的求解方法

转子动力学方程可由多自由度系统强迫振动表征,分析方法通常分为频域求解和时域求解两种,汇总于表 3-1。频域求解分为三种方法:直接法、模态叠加法和广义模态法;而时域求解即数值积分法。

表 3 - 1　动力学系统的求解方法分类表

频域求解			时域求解
直接法	模态叠加法	广义模态法	数值积分法
周期激振力和可傅里叶变换激振力;系统方程无特殊要求	无阻尼系统;实特征值;无陀螺矩阵和循环矩阵	左特征值计算;状态空间分析;复特征值分析	理论解求解复杂或无法求解;考虑非线性特征

3.1.3.1　直接法

以谐响应分析为例,激振力可表达为

$$f(t) = \hat{f}\cos(\Omega t + \alpha) \tag{3-31}$$

对应的复数激振力为

$$\bar{f}(t) = \hat{f}e^{i\alpha}e^{i\Omega t} = \hat{\bar{f}}e^{i\Omega t} \tag{3-32}$$

因此复数形式的运动方程为

$$\boldsymbol{M}\ddot{\bar{\boldsymbol{q}}} + (\boldsymbol{C}+\boldsymbol{G})\dot{\bar{\boldsymbol{q}}} + (\boldsymbol{K}+\boldsymbol{N})\bar{\boldsymbol{q}} = \hat{\bar{\boldsymbol{f}}}e^{i\Omega t} \tag{3-33}$$

设方程通解

$$\bar{\boldsymbol{q}} = \hat{\bar{\boldsymbol{q}}}e^{i\Omega t} \tag{3-34}$$

代入式(3-33)中可得

$$\left[-\Omega^2\boldsymbol{M} + i\Omega(\boldsymbol{C}+\boldsymbol{G}) + (\boldsymbol{K}+\boldsymbol{N})\right]\hat{\bar{\boldsymbol{q}}} = \hat{\boldsymbol{f}} \tag{3-35}$$

定义动刚度矩阵

$$\bar{\boldsymbol{K}}(\Omega) = -\Omega^2\boldsymbol{M} + i\Omega(\boldsymbol{C}+\boldsymbol{G}) + (\boldsymbol{K}+\boldsymbol{N}) \tag{3-36}$$

传递函数即动柔度矩阵

$$\boldsymbol{H}(\Omega) = \left[-\Omega^2\boldsymbol{M} + i\Omega(\boldsymbol{C}+\boldsymbol{G}) + (\boldsymbol{K}+\boldsymbol{N})\right]^{-1} \tag{3-37}$$

工程中常用的频响函数的概念指幅值 $\hat{f}=1$ 的 k 点激振在坐标 q_n 的复响应幅值。因此复数响应

$$\bar{\boldsymbol{q}}(t) = \boldsymbol{H}(\Omega)\hat{\bar{\boldsymbol{f}}}e^{i\Omega t} \tag{3-38}$$

对应的实部即为时域响应

$$\boldsymbol{q}(t) = \mathscr{R}\left\{\boldsymbol{H}(\Omega)\hat{\bar{\boldsymbol{f}}}e^{i\Omega t}\right\} \tag{3-39}$$

3.1.3.2　模态叠加法

除了上面介绍的比例阻尼外,满足以下条件即可实现对角化的阻尼称为柯西阻尼(Cauchy Damping):

$$\boldsymbol{K}\boldsymbol{M}^{-1}\boldsymbol{C} = \boldsymbol{C}\boldsymbol{M}^{-1}\boldsymbol{K} \tag{3-40}$$

因此 $\boldsymbol{MCK}$ 系统的强迫振动运动方程为

$$\boldsymbol{M}\ddot{\boldsymbol{q}}(t) + \boldsymbol{C}\dot{\boldsymbol{q}}(t) + \boldsymbol{K}\boldsymbol{q}(t) = \boldsymbol{f}(t) \tag{3-41}$$

根据模态叠加法,物理坐标 $\boldsymbol{q}(t)$ 可由模态向量 $\hat{\boldsymbol{q}}_n$ 线性叠加转换为模态坐标表示

$$\boldsymbol{q}(t) = \sum_{n=1}^{N} \hat{\boldsymbol{q}}_n p_n(t) \tag{3-42}$$

带入运动方程式(3-41)并根据模态正交性可得解耦方程

$$\widetilde{m}_i \ddot{p}_i(t) + \widetilde{c}_i \dot{p}_i(t) + \widetilde{k}_i p_i(t) = \widetilde{f}_i(t) \tag{3-43}$$

其中,模态质量 $\widetilde{m}_i = \hat{\boldsymbol{q}}_i^{\mathrm{T}} \boldsymbol{M} \hat{\boldsymbol{q}}_i$,模态阻尼 $\widetilde{c}_i = \hat{\boldsymbol{q}}_i^{\mathrm{T}} \boldsymbol{C} \hat{\boldsymbol{q}}_i$,模态刚度 $\widetilde{k}_i = \hat{\boldsymbol{q}}_i^{\mathrm{T}} \boldsymbol{K} \hat{\boldsymbol{q}}_i$,模态激振力 $\widetilde{f}_i = \hat{\boldsymbol{q}}_i^{\mathrm{T}} \boldsymbol{f}(t)$。因此,分别求解解耦后的各个模态坐标下的系统响应,即单自由度强迫振动,然后进行线性叠加则可得到物理坐标下的系统响应。广义模态法通过引入左特征值实现系统方程解耦,解耦后仍采用模态叠加法进行系统动力学分析,在此不再赘述。

3.1.3.3　数值积分法

数值积分法适用于非线性系统的瞬态分析,即刚度矩阵和阻尼矩阵是时变函数的情况,求解比较耗时。数值求解方法可分为显式法(如中心差分法)和隐式法(如 Newmark 方法)。显式法是条件稳定的,即存在一个临界时间步长限制,积分步长大于临界时间步长导致数值积分发散。而隐式法通常是绝对稳定的,即稳定性不受积分步长影响(但数值误差随步长增加而增加)。数值积分从时间 t_n 到 t_{n+1},显式积分可表示为

$$\boldsymbol{q}_{n+1} = \boldsymbol{g}(\boldsymbol{q}_n, \dot{\boldsymbol{q}}_n, \ddot{\boldsymbol{q}}_n, \boldsymbol{q}_{n-1}, \cdots) \tag{3-44}$$

而隐式积分无法实现待求变量系数矩阵对角化,可表示为

$$\boldsymbol{q}_{n+1} = \boldsymbol{g}(\dot{\boldsymbol{q}}_{n+1}, \ddot{\boldsymbol{q}}_{n+1}, \boldsymbol{q}_n, \dot{\boldsymbol{q}}_n, \ddot{\boldsymbol{q}}_n, \boldsymbol{q}_{n-1}, \cdots) \tag{3-45}$$

因此,实际应用中需综合考虑计算效率和计算精度选择积分器,以下简要介绍中心差分法和 Newmark 方法。

中心差分法是一种典型的显式积分方法,采用中心差分法得出速度和加速度项

$$\dot{\boldsymbol{q}}_n = \frac{1}{2\Delta t}(\boldsymbol{q}_{n+1} - \boldsymbol{q}_{n-1})$$

$$\ddot{\boldsymbol{q}}_n = \frac{1}{\Delta t^2}(\boldsymbol{q}_{n+1} - 2\boldsymbol{q}_n + \boldsymbol{q}_{n-1}) \tag{3-46}$$

以 **MCK** 系统为例进行离散,可得

$$\left(\frac{1}{\Delta t^2}\boldsymbol{M} + \frac{1}{2\Delta t}\boldsymbol{C}\right)\boldsymbol{q}_{n+1} = \boldsymbol{f}_n - \boldsymbol{K}\boldsymbol{q}_n + \frac{2}{\Delta t^2}\boldsymbol{M}\boldsymbol{q}_n - \left(\frac{1}{\Delta t^2}\boldsymbol{M} - \frac{1}{2\Delta t}\boldsymbol{C}\right)\boldsymbol{q}_{n-1}$$

$$\tag{3-47}$$

Newmark 方法是结构动力学分析中广泛使用的一种隐式积分法,通过调节控制参数从而调整数值阻尼以滤除高阶振动信号:

$$\dot{\boldsymbol{q}}_{n+1} = \dot{\boldsymbol{q}}_n + \Delta t \left[\gamma \ddot{\boldsymbol{q}}_{n+1} + (1 - \gamma) \ddot{\boldsymbol{q}}_n \right]$$

$$\boldsymbol{q}_{n+1} = \boldsymbol{q}_n + \Delta t \dot{\boldsymbol{q}}_n + \frac{1}{2} \Delta t^2 \left[2\beta \ddot{\boldsymbol{q}}_{n+1} + (1 - 2\beta) \ddot{\boldsymbol{q}}_n \right]$$

$$(3 - 48)$$

3.2 典型燃气–蒸汽联合循环机组的轴系动力学特性分析

本节将介绍 3 个典型的发电用燃气–蒸汽联合循环机组的轴系案例,利用第 2 章介绍的燃气轮机拉杆转子的模化方法,采用自编的弯曲振动和扭转振动程序计算其轴系动力学特性,包括轴系弯曲振动临界转速、弯曲振动不平衡响应、轴系扭转振动固有频率与两相短路工况下的扭振响应,并进行相应的稳定性和安全性评估。

3.2.1 M701F 燃气–蒸汽联合循环机组的轴系动力学特性

3.2.1.1 机组简介

M701F 燃气轮机为日本三菱公司生产的 9F 型机型,已广泛应用于世界各地重型燃气轮机发电行业,其燃气–蒸汽联合循环发电机组的额定功率为 390 MW,联合循环机组为单轴、冷端驱动,轴系总长约 41 m,如图 3-2 所示。从燃气轮机排气段开始依次为燃气轮机(包括燃气轮机压气机、燃烧室和透平)、高中压汽轮机、低压汽轮机、发电机、励磁机。整个轴系共 8 个轴承,依次为:燃气轮机的 1#、2#轴承,高中压汽轮机的 3#、4#轴承,低压汽轮机的 5#、6#轴承和发电机的 7#、8#轴承。

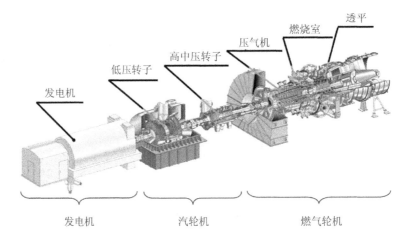

图 3-2 M701F 燃气–蒸汽联合循环机组的轴系布置示意图

3.2.1.2　M701F 燃气轮机转子结构简介

M701F 燃气轮机的详细结构介绍见图 3-3,该转子压气机轮盘的第 3 级至第 17 级采用平面接触传扭,透平的第 1 级至第 4 级轮盘采用弧形端面齿(Gleasen 齿)定位和传扭,通过 12 根周向均布拉杆与中间轴扭矩套筒预紧。透平拉杆冷态预紧伸长量约为 5.06 mm,拉杆预紧力约为 2024 kN;压气机拉杆冷态预紧伸长量约为10.97 mm,拉杆预紧力约为 2679 kN。

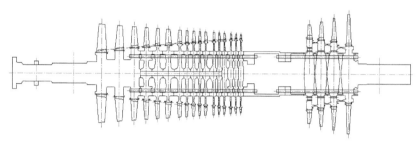

图 3-3　M701F 燃气轮机转子结构示意图

3.2.1.3　M701F 燃气轮机转子弯曲临界转速[1]

按照第 2 章中介绍的燃气轮机拉杆转子的模化方法,在设定预紧力的条件下,采用自编的一维有限元程序计算得到其临界转速,计算结果见表 3-2。图 3-4、图 3-5 是燃气轮机转子模化后的弯曲振动刚度直径和质量直径的示意图。

表 3-2　M701F 燃气轮机转子弯曲临界转速的计算结果(刚性支承)

特征值阶数	参考值(三菱计算结果)/(r/min)	不考虑接触/(r/min)	不考虑接触的相对误差/%	考虑接触/(r/min)	考虑接触的相对误差/%
1	1139.90	1201.95	5.44	1184.74	3.93
2	1139.90	1201.95	5.44	1184.74	3.93
3	3251.56	3340.53	2.74	3262.30	0.33
4	3251.56	3340.53	2.74	3262.30	0.33
5	4414.05	4604.64	4.32	4515.69	2.30
6	4414.05	4604.64	4.32	4515.69	2.30

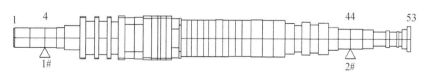

图 3-4　M701F 燃气轮机转子弯曲振动刚度直径的模化示意图

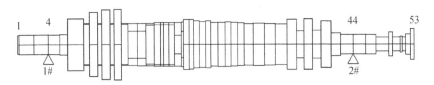

图 3-5　M701F 燃气轮机转子弯曲振动质量直径的模化示意图

3.2.1.4　M701F 燃气-蒸汽联合循环机组的轴系弯曲临界转速

M701F 燃气-蒸汽联合循环机组的轴系弯曲振动刚度直径和质量直径见图 3-6和图 3-7,HIP 为高中压汽轮机转子,LP 为低压汽轮机转子,GEN 为发电机转子。

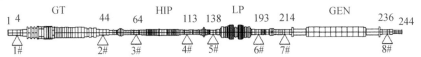

图 3-6　M701F 燃气-蒸汽联合循环机组轴系弯曲振动刚度直径的模化示意图

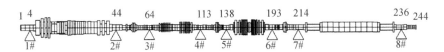

图 3-7　M701F 燃气-蒸汽联合循环机组轴系弯曲振动质量直径的模化示意图

以 1#、3#、5#和 7#支承为例,刚度系数 k_{xx}、k_{yy}(单位:N/m)和阻尼系数 c_{xx}、c_{yy}(单位:N·s/m)随转速的变化曲线见图 3-8至图 3-11。最大响应峰值和额定转速下的响应峰值见表 3-3。

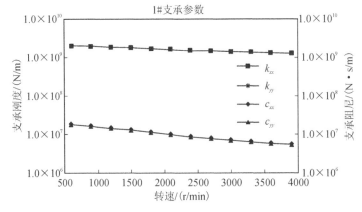

图 3-8　M701F 燃气-蒸汽联合循环机组 1#支承参数随转速的变化曲线

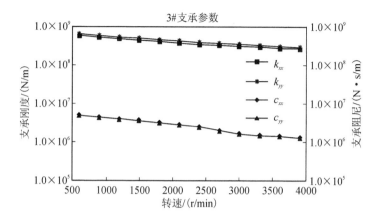

图 3 - 9　M701F 燃气-蒸汽联合循环机组 3# 支承参数随转速的变化曲线

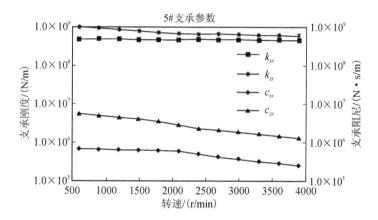

图 3 - 10　M701F 燃气-蒸汽联合循环机组 5# 支承参数随转速的变化曲线

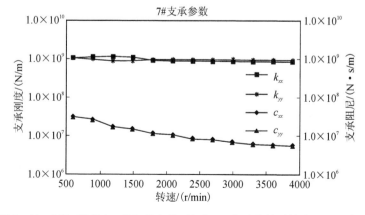

图 3 - 11　M701F 燃气-蒸汽联合循环机组 7# 支承参数随转速的变化曲线

表 3 - 3 **M701F 燃气-蒸汽联合循环机组的轴系弯曲临界转速计算结果**

	频率/Hz	自编程序计算临界转速/(r/min)	参考值(三菱公司)/(r/min)	振型	相对误差/%
1	13.87	832	750	GEN - 1	10.93
2	18.42	1105	1050	GT - 1	5.24
3	27.30	1638	1650	HIP - 1	-0.73
4	32.47	1948	1850	LP - 1	5.30
5	40.25	2415	2100	GEN - 2	15.00
6	44.47	2668	2500	GT - 2	6.72
7	55.30	3318	3550	HIP - 2	-6.54
8	59.42	3565	3900	LP - 2	-8.59

采用转速为 3000 r/min 时的轴承参数计算得到各阶振型,如图 3 - 12 至图 3 - 19所示。

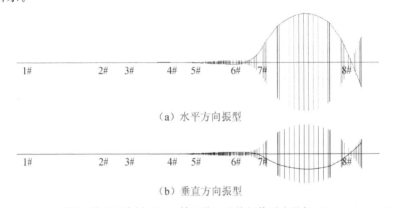

（a）水平方向振型

（b）垂直方向振型

图 3 - 12 M701F 燃气-蒸汽联合循环机组轴系第一阶特征值对应的振型(832 r/min,GEN - 1)

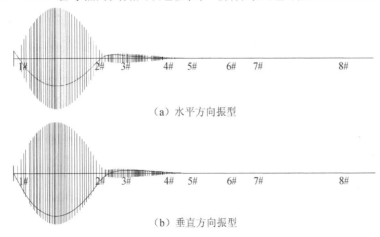

（a）水平方向振型

（b）垂直方向振型

图 3 - 13 M701F 燃气-蒸汽联合循环机组轴系第二阶特征值对应的振型(1105 r/min,GT - 1)

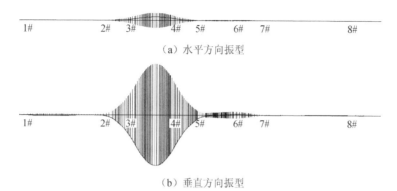

（a）水平方向振型

（b）垂直方向振型

图 3-14　M701F 燃气-蒸汽联合循环机组轴系第三阶特征值对应的振型（1638 r/min，HIP-1）

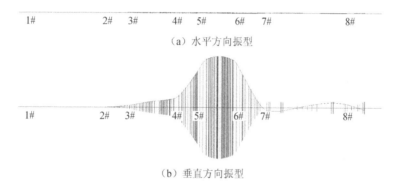

（a）水平方向振型

（b）垂直方向振型

图 3-15　M701F 燃气-蒸汽联合循环机组轴系第四阶特征值对应的振型（1948 r/min，LP-1）

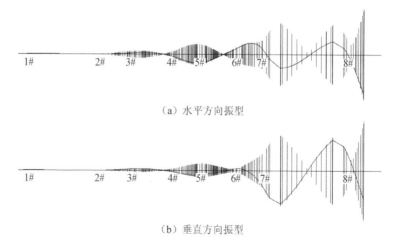

（a）水平方向振型

（b）垂直方向振型

图 3-16　M701F 燃气-蒸汽联合循环机组轴系第五阶特征值对应的振型（2415 r/min，GEN-2）

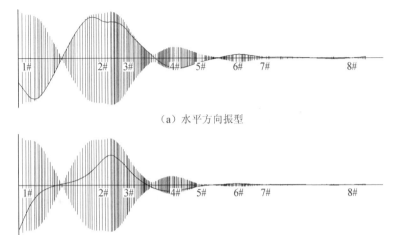

（a）水平方向振型

（b）垂直方向振型

图 3-17　M701F 燃气-蒸汽联合循环机组轴系第六阶特征值对应的振型（2668 r/min,GT-2）

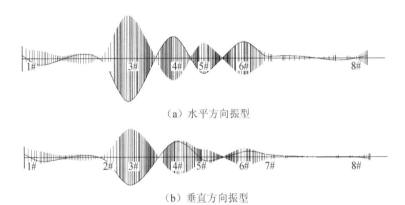

（a）水平方向振型

（b）垂直方向振型

图 3-18　M701F 燃气-蒸汽联合循环机组轴系第七阶特征值对应的振型（3318 r/min,HIP-2）

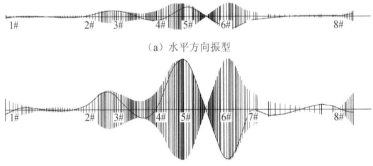

（a）水平方向振型

（b）垂直方向振型

图 3-19　M701F 燃气-蒸汽联合循环机组轴系第八阶特征值对应的振型（3565 r/min,LP-2）

表 3－3 中发电机转子因采用自我模化数据，故和三菱计算结果相差较大。

根据国内大机组设计导则，轴系弯曲临界转速必须满足调频要求，即要避开工作转速±10%的范围。计算得到临界转速中避开率最小为 10.6%（即第七阶临界转速 3318 r/min），轴系临界转速设计满足大机组设计导则要求。

3.2.1.5　M701F 燃气-蒸汽联合循环机组的轴系不平衡响应计算

各转子不平衡量根据大机组轴系振动设计导则计算得到，规定偏心距 e 为 8 μm，各转子不平衡量为 me，m 为跨内质量，具体如表 3－4 所示。

表 3－4　M701F 燃气-蒸汽联合循环机组各转子的不平衡量

	燃气轮机转子	高中压转子	低压转子
跨内质量/kg	81812.08	14258.44	38034.66
不平衡量/(kg·m)	0.6545	0.1141	0.3043

在燃气轮机转子上加一阶不平衡量时，各轴承处的响应如图 3－20 至图 3－23 所示，最大响应峰值和额定转速下的响应峰值见表 3－5。

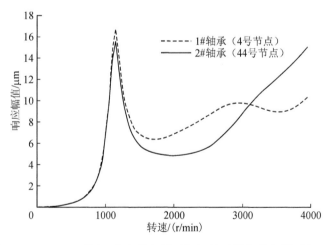

图 3－20　M701F 燃气-蒸汽联合循环机组轴系燃气轮机转子加一阶
　　　　　不平衡量时 1# 和 2# 轴承轴颈处的响应

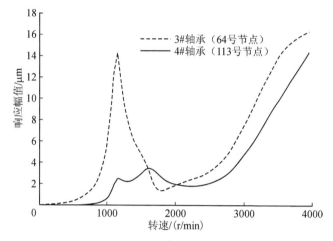

图 3-21　M701F 燃气-蒸汽联合循环机组轴系燃气轮机转子加一阶
不平衡量时 3# 和 4# 轴承轴颈处的响应

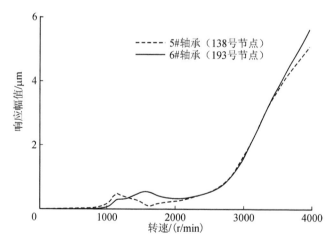

图 3-22　M701F 燃气-蒸汽联合循环机组轴系燃气轮机转子加一阶
不平衡量时 5# 和 6# 轴承轴颈处的响应

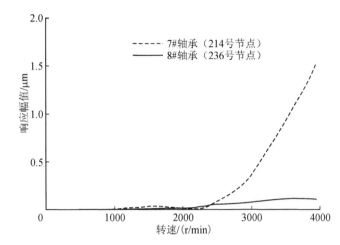

图 3 - 23　M701F 燃气-蒸汽联合循环机组轴系燃气轮机转子加一阶
不平衡量时 7# 和 8# 轴承轴颈处的响应

表 3 - 5　**M701F 燃气-蒸汽联合循环机组轴系燃气轮机转子加一阶不平衡量时各轴承的响应**

轴承号	燃气轮机转子		高中压转子		低压转子		发电机转子	
	1#	2#	3#	4#	5#	6#	7#	8#
最大响应转速/(r/min)	1140	1140	1140	1620	1140	1560	1580	1160
最大响应单峰值/μm	16.82	15.63	14.43	3.46	0.47	0.54	0.04	0.01
额定转速下的单峰值/μm	9.78	8.86	7.43	4.69	1.70	1.65	0.37	0.08

　　在高中压转子上加一阶不平衡量时,各轴承处的响应如图 3 - 24 至图 3 - 27
所示,最大响应峰值和额定转速下的响应峰值见表 3 - 6。

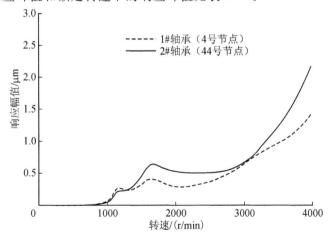

图 3 - 24　M701F 燃气-蒸汽联合循环机组轴系高中压转子加一阶不
平衡量时 1# 和 2# 轴承轴颈处的响应

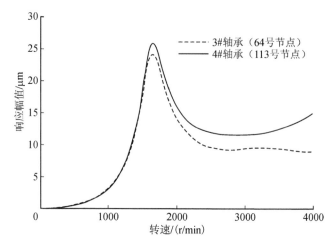

图 3-25 M701F 燃气-蒸汽联合循环机组轴系高中压转子加一阶不平衡量时 3# 和 4# 轴承轴颈处的响应

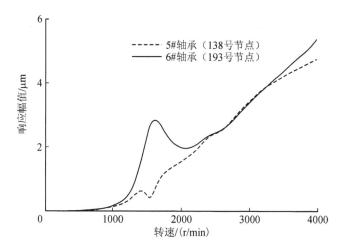

图 3-26 M701F 燃气-蒸汽联合循环机组轴系高中压转子加一阶不平衡量时 5# 和 6# 轴承轴颈处的响应

表 3-6 M701F 燃气-蒸汽联合循环机组轴系高中压转子加一阶不平衡量时各轴承的响应

轴承号	燃气轮机转子		高中压转子		低压转子		发电机转子	
	1#	2#	3#	4#	5#	6#	7#	8#
最大响应转速/(r/min)	1640	1660	1640	1660	1420	1620	1620	2480
最大响应单峰值/μm	0.41	0.64	24.16	25.89	0.63	2.85	0.19	0.26
额定转速下的单峰值/μm	0.65	0.66	9.39	11.60	3.46	3.41	0.76	0.16

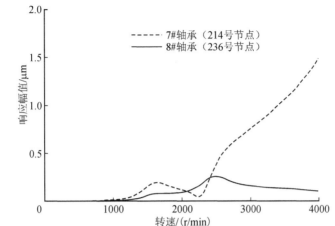

图 3-27　M701F 燃气-蒸汽联合循环机组轴系高中压转子加一阶不平衡量时 7# 和 8# 轴承轴颈处的响应

在低压转子上加一阶不平衡量时,各轴承处的响应如图 3-28 至图 3-31 所示,最大响应峰值和额定转速下的响应峰值见表 3-7。

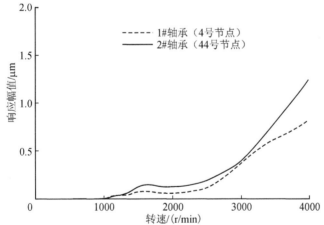

图 3-28　M701F 燃气-蒸汽联合循环机组轴系低压转子加一阶不平衡量时 1# 和 2# 轴承轴颈处的响应

表 3-7　M701F 燃气-蒸汽联合循环机组轴系低压转子加一阶不平衡量时各轴承的响应

轴承号	燃气轮机转子		高中压转子		低压转子		发电机转子	
	1#	2#	3#	4#	5#	6#	7#	8#
最大响应转速/(r/min)	1600	1600	1600	1450	1550	1500	1500	2450
最大响应单峰值/μm	0.08	0.15	4.05	3.05	23.31	22.51	1.18	1.00
额定转速下的单峰值/μm	0.37	0.40	4.39	5.08	13.28	10.71	2.02	0.45

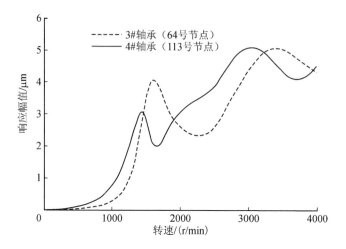

图 3 - 29　M701F 燃气-蒸汽联合循环机组轴系低压转子加一阶不平
衡量时 3# 和 4# 轴承轴颈处的响应

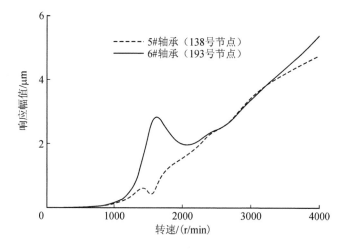

图 3 - 30　M701F 燃气-蒸汽联合循环机组轴系低压转子加一阶不平
衡量时 5# 和 6# 轴承轴颈处的响应

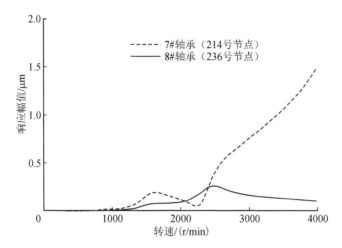

图 3-31　M701F 燃气-蒸汽联合循环机组轴系低压转子加一阶不平
衡量时 7# 和 8# 轴承轴颈处的响应

从计算结果可以看出,在高中压转子上加一阶不平衡量时,4# 轴承轴颈处的最大响应单峰值为 25.89 μm,超过了大机组设计导则规定的 25 μm,因此在动平衡时要尽量减小高中压转子的不平衡量。在燃气轮机转子和低压转子加一阶不平衡量时,各轴承轴颈处的响应值均小于 25 μm,满足大机组设计导则要求。

3.2.1.6　M701F 燃气-蒸汽联合循环机组轴系弯曲振动的稳定性分析

M701F 燃气-蒸汽联合循环机组轴系的稳定性计算结果如表 3-8 所示。

表 3-8　M701F 燃气-蒸汽联合循环机组轴系的稳定性计算结果

临界转速/(r/min)	对数衰减率 δ_i	Q 因子
832	0.35	9.05
1105	0.42	7.55
1638	0.70	4.50
1948	2.13	1.56
2415	0.58	5.41
2668	2.97	1.17
3318	1.22	2.63
3565	2.45	1.38

从计算结果得到以下结论:

各阶临界转速对应的对数衰减率 δ_i 都大于 0.2,满足对数衰减率设计要求;各阶临界转速对应的 Q 因子都位于允许范围之内,满足 Q 因子设计要求。

综上所述，轴系的稳定性设计是满足轴系设计要求的。

3.2.1.7　M701F 燃气-蒸汽联合循环机组轴系扭转振动的固有频率分析

由第 2 章模化方法得到的联合循环机组轴系扭转振动的刚度直径如图 3－32 所示，图中尺寸单位为 m。相应各个转子的基本特征参数如表 3－9 所示。

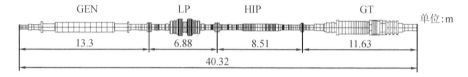

图 3－32　M701F 燃气-蒸汽联合循环机组轴系扭振刚度直径的模化示意图

表 3－9　**M701F 燃气-蒸汽联合循环机组各转子的基本特征参数**

	燃气轮机转子	高中压转子	低压转子	发电机转子
转动惯量/(kg·m²)	32684.68	1491.81	10741.56	9271.05
转子长度/m	11.63	8.51	6.88	13.30

本分析采用连续质量的传递矩阵法计算轴系的扭转固有频率，共划分 285 段，286 个节点，在轴系中考虑低压转子末级和次末级叶片作为分支系统。联合循环发电机组轴系扭振固有频率的程序计算结果与厂方提供结果的对比见表 3－10。

表 3－10　**M701F 燃气-蒸汽联合循环机组轴系扭振计算结果**

扭振阶数	扭振固有频率/Hz	对应转速/(r/min)	厂方提供的扭振固有频率/Hz	相对误差/%
1	7.59	455.47	8.0	−5.1
2	20.98	1258.67	21.0	−0.1
3	53.85	3230.98	55.0	−2.1
4	81.53	4891.85	77.0	5.9
5	105.52(末叶片分支)	6331.49	107.0	−1.4
6	111.44(末叶片分支)	6686.16	111.0	0.4
7	113.05	6783.17	119.0	−5.0
8	151.88	9112.84	151.0	0.6
9	158.33(次末叶片分支)	9499.64	154.0	2.8
10	164.42(次末叶片分支)	9865.09	157.0	4.7

M701F 燃气-蒸汽联合循环机组轴系的扭振振型如图 3－33 至图 3－37 所示。

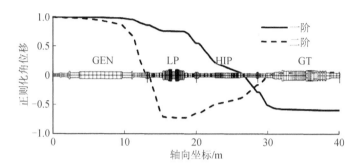

图 3 - 33　M701F 燃气-蒸汽联合循环机组轴系扭振的第一、二阶振型

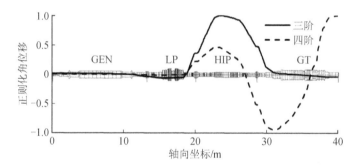

图 3 - 34　M701F 燃气-蒸汽联合循环机组轴系扭振的第三、四阶振型

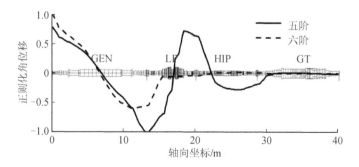

图 3 - 35　M701F 燃气-蒸汽联合循环机组轴系扭振的第五、六阶振型(末级叶片分支)

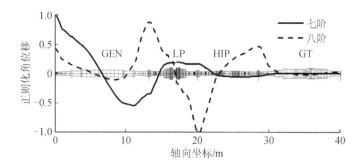

图 3 - 36　M701F 燃气-蒸汽联合循环机组轴系扭振的第七、八阶振型

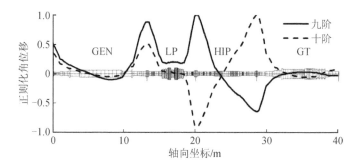

图 3 - 37　M701F 燃气-蒸汽联合循环机组轴系扭振的第九、十阶振型(次末级叶片分支)

M701F 燃气-蒸汽联合循环机组轴系扭振的坎贝尔图如图 3 - 38 所示。

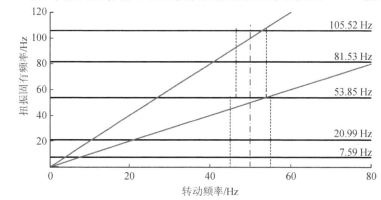

图 3 - 38　M701F 燃气-蒸汽联合循环机组轴系扭振固有频率的坎贝尔图

按国内大机组导则规定:轴系扭振固有频率避开范围是 45 Hz< f <55 Hz 和 93 Hz< f <108 Hz。从坎贝尔图中可以看到 53.85 Hz 的轴系频率处于工频避开范围之内,105.52 Hz 的叶片分支频率处于两倍工频避开范围之内,注意监视运行。

3.2.1.8　M701F 燃气-蒸汽联合循环机组轴系的扭振响应分析

该机组在正常满负荷工况下,轴系所受的额定扭矩 T_n 可由功率 P_n 和转速 n 计算得到,对于此机型,$P_n = 400\,\mathrm{MW}$,因此,有

$$T_n = 9550\,\frac{P_n}{n} = 1.27 \times 10^6 (\mathrm{N \cdot m}) \tag{3-49}$$

在发生两相短路时,发电机定转子之间的电磁扭矩标幺值为

$$F = 6.202\mathrm{e}^{-2.39t}\sin(100\pi t) - 3.101\mathrm{e}^{-1.718t}\sin(200\pi t) + 0.745\mathrm{e}^{-2.17t}$$

$$\tag{3-50}$$

此扭矩标幺值随时间的变化曲线如图 3-39 所示。

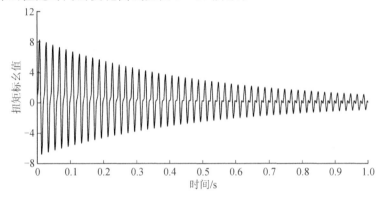

图 3-39　M701F 燃气-蒸汽联合循环机组轴系两相短路时的电磁扭矩变化曲线

在模型中,将电磁力矩分为 10 段,分布加载在发电机转子上,对数衰减率取 0.05。计算响应的位置包括各轴承轴颈处和低压-发电机联轴节两侧的最小直径处,一共 10 个响应计算位置,如图 3-40 所示。其中 LPO 表示低压-发电机联轴节附近低压轴上的最小直径处,GENO 表示低压-发电机联轴节附近发电机轴上的最小直径处。

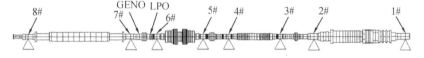

图 3-40　M701F 燃气-蒸汽联合循环机组轴系中的扭振响应计算位置

扭振响应最大剪应力发生的位置在 6# 轴承轴颈处,其响应曲线如图 3-41 所示。

燃气-蒸汽各响应位置的计算结果如表 3-11 所示。

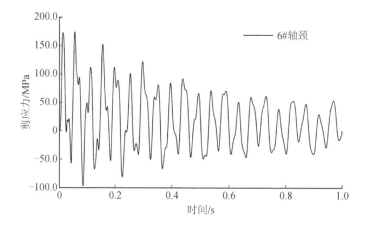

图 3 - 41　M701F 燃气-蒸汽联合循环机组轴系两相短路时 6#轴承轴颈
　　　　处的剪应力随时间的变化曲线

表 3 - 11　**M701F 燃气-蒸汽联合循环机组轴系两相短路时的响应计算结果**

位置	最大扭矩/(N·m)	最大剪应力/MPa
1#轴承轴颈	2.35×10^3	0.1
2#轴承轴颈	1.74×10^6	135.5
3#轴承轴颈	1.72×10^6	110.7
4#轴承轴颈	1.71×10^6	110.5
5#轴承轴颈	1.70×10^6	109.2
6#轴承轴颈	3.20×10^6	173.5
低压外伸段(LPO)	3.19×10^6	171.8
发电机外伸段(GENO)	3.10×10^6	132.6
7#轴承轴颈	3.10×10^6	170.9
8#轴承轴颈	3.52×10^5	14.3

　　从计算结果可以看出两相短路时最大应力出现在 6#轴承轴颈处,最大剪应力为
173.5 MPa,远小于材料的许用剪应力(433.2 MPa),因此轴系的强度设计是安全的。

3.2.2　V94.3A 燃气-蒸汽联合循环机组的轴系动力学特性

3.2.2.1　机组简介

　　V94.3A 燃气轮机为德国西门子公司生产的 F 级重型燃气轮机,常用于单轴
单缸联合循环机组设计,适合驱动基本负荷和调峰负荷的电站发电机组,如图
3 - 42所示。额定运行转速 3000 r/min,输出功率 273 MW,机组采用冷端驱动,通
过 3S 联轴器与蒸汽轮机连接,可以有效地避免燃气轮机的热胀对发电机的影响,
从而保证机组的可用率。通过 3S 联轴器可以同时实现单机运行和联合循环运行
的双重目的,为燃气轮机单机快速达到满负荷进行调峰提供便利。

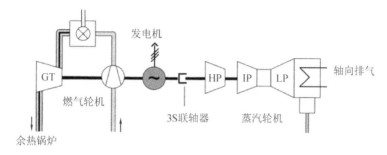

图 3 - 42   V94.3A 燃气-蒸汽联合循环机组布置的示意图

3.2.2.2   V94.3A 燃气轮机转子的结构简介

V94.3A 燃气轮机转子为中心拉杆组合式转子结构,具有检修方便、刚度大等优点,使转子可以适应快速启动。转子由前后轴头、15 级压气机轮盘、4 级透平轮盘和 3 级扭力盘组成,各级轮盘由中心拉杆轴向预紧连接,轮盘表面周向均布 180个 Hirth 齿,可以实现准确传扭和自动定心。压气机部分采用 15 级高效动静叶片,采用优化的压气机压比设计和控制扩散翼型,进口为可调静叶,在保证稳定风量的前提下,使压气机在最佳工况下运行。采用三段抽气放风的方式控制压气机工作,在负荷变化时能够保持系统灵活高效运行,也可以在一定的超速和低速范围内运行。透平由 4 级叶片组成,高转速大出力(机组压气机部分消耗整机功率约 2/3)对透平叶片的结构强度提出了很高的要求。同时燃烧室的出口温度在 1400 ℃,透平第一级叶轮采用单晶叶片,第二、三级采用定向结晶叶片,第四级采用高温合金叶片,并在叶片表面喷涂陶瓷涂层。转子的整体性设计理念使得中心拉杆转子具有热负荷均匀、刚度大等优点。

V94.3A 转子结构如图 3 - 43 所示,中心拉杆的冷态预紧伸长量约为 20.9 mm,拉杆预紧力约为 2.45×10^4 kN;拉杆沿轴向五处位置布置阻尼元件,目的是调整中心拉杆的固有频率,避免和转子运行产生共振。第四个阻尼环元件采用棘轮结构是便于冷却空气流过。

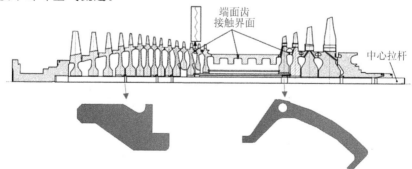

图 3 - 43   V94.3A 燃气轮机转子与阻尼环结构示意图

3.2.2.3　V94.3A 燃气轮机转子的弯曲临界转速

　　分别采用 ANSYS 二维轴对称单元、ANSYS 一维梁单元和自编一维有限元程序进行单转子弯曲频率计算,如图 3-44 至图 3-47 所示为三种计算模型,其中二维轴对称有限元模型采用轴对称单元 SOLID273 模拟,叶片根据叶片模化准则等效为等厚度的圆环结构,即满足质量和转动惯量等效;课题组的一维有限元程序和 ANSYS 一维梁单元 BEAM188 均基于经典梁模型,通过应变能模化,将盘鼓式中心拉杆双转子结构等效为单转子结构。计算需保证转子模化前后各段质量和弯曲刚度相同,通过质量点单元 MASS21 考虑叶片附加转动惯量,在自编程序中分别输入轴段长度、内径、外径(质量直径和刚度直径)、附加转动惯量和材料参数完成转子计算输入,三种计算模型的材料参数相同,弹性模量为 2.1×10^{11} Pa,泊松比为 0.3,材料密度为 7860 kg/m³,两端轴承支承处按照固定支承处理。

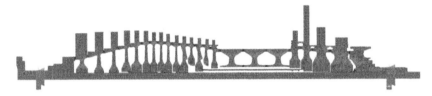

图 3-44　V94.3A 燃气轮机转子弯曲振动的二维轴对称有限元模型

图 3-45　V94.3A 燃气轮机转子弯曲振动一维梁单元的有限元模型(BEAM188)

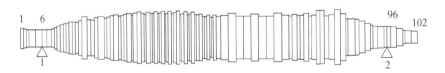

图 3-46　V94.3A 燃气轮机转子弯曲振动刚度直径的模化示意图

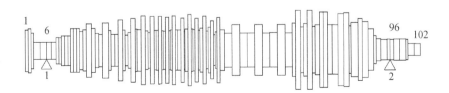

图 3-47　V94.3A 燃气轮机转子弯曲振动质量直径的模化示意图

采用应变能法(详见第 2 章介绍)对 V94.3A 燃气轮机中心拉杆转子的 20 个端面齿进行刚度模化,获得其 14 mm 轴段的刚度修正系数,见图 3-48 和图 3-49。

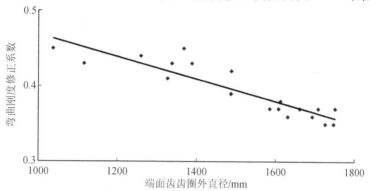

图 3-48　V94.3A 燃气轮机转子 20 个端面齿的弯曲刚度修正系数

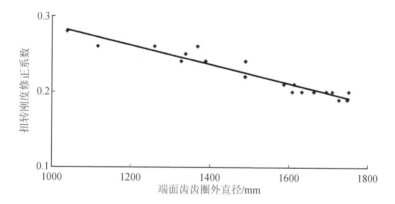

图 3-49　V94.3A 燃气轮机转子 20 个端面齿的扭转刚度修正系数

对 14 mm 轴段 Hirth 端面齿弯曲刚度修正系数进行线性拟合得到的计算公式:

$$\alpha = -1.481 \times 10^{-4} D + 0.6169 \tag{3-51}$$

对 14 mm 轴段 Hirth 端面齿扭转刚度修正系数进行线性拟合得到的计算公式:

$$\beta = -1.267 \times 10^{-4} D + 0.4138 \tag{3-52}$$

式中,D 为端面齿齿圈外直径,单位为 mm。

通过运用端面齿弯曲刚度修正系数和扭转刚度修正系数,建立了中心拉杆转子修正模型,并进行自由模态分析。和厂方提供的试验结果对比,见表 3-12,可以看到采用修正模型的计算结果和模态试验结果吻合较好。

表 3-12　V94.3A 燃气轮机转子有限元模态分析和敲击模态试验结果对比

弯曲阶次	模态试验结果/Hz	计算结果/Hz	相对误差/%
一阶	59.04	59.58	0.90
二阶	124.16	125.18	0.80
三阶	165.68	163.94	−1.00

3.2.2.4　V94.3A 燃气-蒸汽联合循环机组轴系的弯曲临界转速计算

V94.3A 燃气-蒸汽联合循环机组轴系共分 354 段,355 个节点,沿轴向共有 8 处支承。这里分别采用自编程序和 ANSYS 一维梁单元模型计算轴系弯曲固有频率,ANSYS 一维有限元模型仍然按照刚度直径建模,通过修正轴段密度保证模化前后的质量相同,叶片质量通过 MASS21 单元模拟,有限元模型如图 3-50 至图 3-52 所示。轴系中转子的材料参数和燃气轮机单转子相同:弹性模量为 2.1×10^{11} Pa,泊松比为 0.3,材料密度为 7860 kg/m³。

图 3-50　V94.3A 燃气-蒸汽联合循环机组轴系 ANSYS 一维有限元模型(刚度直径)

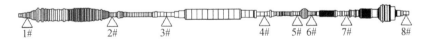

图 3-51　V94.3A 燃气-蒸汽联合循环机组轴系自编程序的一维有限元模型(刚度直径)

图 3-52　V94.3A 燃气-蒸汽联合循环机组轴系自编程序的一维有限元模型(质量直径)

根据实际轴承和基础参数,在自编程序中直接输入数据并进行弯曲振动分析,提取前二十阶固有频率如表 3-13 所示,前十阶振型如图 3-53 至图 3-62 所示。

表 3 - 13　V94.3A 燃气-蒸汽联合循环机组轴系实际轴承参数下的弯曲固有频率

扭振阶数	自编程序/Hz	厂方提供/Hz	相对误差/%	Q因子	振型
1	2.44	2.52	3.0%	0.50	GT - 0
2	13.88	13.63	-1.8%	36.45	GEN - 1H
3	15.67	15.30	-2.4%	28.55	GEN - 1V
4	16.09	15.93	-1.0%	18.28	GT - 1H
5	19.15	18.93	-1.2%	12.55	ILP - 1H
6	21.13	20.77	-1.7%	15.29	GT - 1V
7	24.35	23.88	-1.9%	10.58	ILP - 1V
8	31.82	31.53	-0.9%	7.27	GT - IM - 1H
9	32.59	32.80	0.6%	0.58	HP - ILP - 1H
10	33.63	33.98	1.0%	0.57	GEN - SSS - 1H
11	34.55	34.35	-0.6%	0.60	GEN - 2H
12	41.93	41.07	-2.1%	33.63	IM - 1V
13	43.35	44.33	2.2%	2.13	SSS - HP - ILP - 1H
14	43.98	43.38	-1.4%	11.55	IM - 1H
15	44.39	43.83	-1.3%	10.19	IM - GEN - 1V
16	49.60	48.78	-1.7%	2.51	SSS - 1H
17	52.32	52.28	-0.1%	1.69	SSS - HP - 1V
18	52.69	52.47	-0.4%	5.16	GT - 2V
19	57.95	57.03	-1.6%	3.80	SSS - HP - 2V
20	59.60	61.42	3.0%	2.82	SSS - HP - ILP - 2H

图 3 - 53　V94.3A 燃气-蒸汽联合循环机组轴系的弯曲一阶振型(GT - 0 - 2.44 Hz)

图 3-54　V94.3A 燃气-蒸汽联合循环机组轴系的弯曲二阶振型(GEN-1H-13.88 Hz)

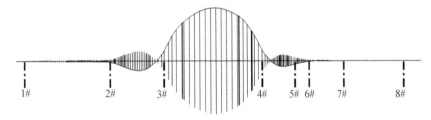

图 3-55　V94.3A 燃气-蒸汽联合循环机组轴系的弯曲三阶振型(GEN-1V-15.67 Hz)

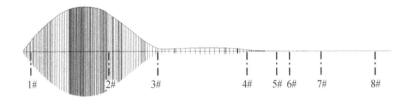

图 3-56　V94.3A 燃气-蒸汽联合循环机组轴系的弯曲四阶振型(GT-1H-16.09 Hz)

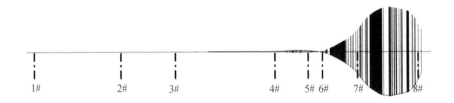

图 3-57　V94.3A 燃气-蒸汽联合循环机组轴系的弯曲五阶振型(ILP-1H-19.15 Hz)

图 3-58　V94.3A 燃气-蒸汽联合循环机组轴系的弯曲六阶振型(GT-1V-21.13 Hz)

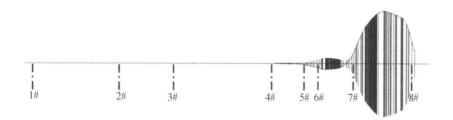

图 3-59　V94.3A 燃气-蒸汽联合循环机组轴系的弯曲七阶振型(ILP-1V-24.35 Hz)

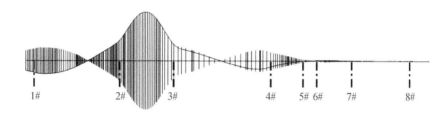

图 3-60　V94.3A 燃气-蒸汽联合循环机组轴系的弯曲八阶振型(GT-IM-1H-31.82 Hz)

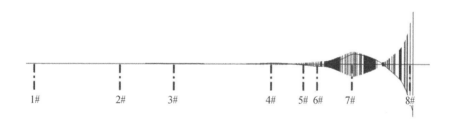

图 3-61　V94.3A 燃气-蒸汽联合循环机组轴系的弯曲九阶振型(HP-ILP-1H-32.59 Hz)

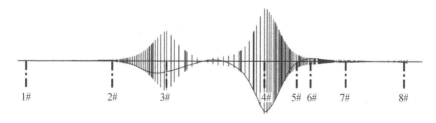

图 3-62　V94.3A 燃气-蒸汽联合循环机组轴系的弯曲十阶振型(GEN-SSS-1H-33.63 Hz)

3.2.2.5　V94.3A 燃气-蒸汽联合循环机组轴系的不平衡响应计算

根据厂方提供的不平衡量计算参数,分别计算燃气轮机转子添加一阶、二阶不平衡量,中间轴(IM)添加一阶不平衡量,发电机添加一阶、二阶不平衡量,励磁机(SR)添加一阶不平衡量,3S联轴器添加一阶不平衡量,高压汽轮机转子添加一阶不平衡量以及中低压汽轮机转子添加一阶、二阶不平衡量,共 10 组不平衡响应。不平衡量加载方式见图 3-63,计算工况如表 3-14 所示,一阶不平衡量添加在各个转子部分一阶弯曲振型的最大节点位置,二阶不平衡量反向添加在对应各个转子部分二阶弯曲振型的最大节点位置。

表 3-14 V94.3A 燃气-蒸汽联合循环机组轴系的不平衡响应计算工况表

计算工况	不平衡量	不平衡量大小/(kg·m)	加载节点
U1	GT 一阶不平衡量	0.77	39
U2	GT 二阶不平衡量	0.39	23,78
U3	IM 一阶不平衡量	0.05	120
U4	GEN 一阶不平衡量	0.53	145
U5	GEN 二阶不平衡量	0.26	139,152
U6	SR 一阶不平衡量	0.05	168
U7	SSS 一阶不平衡量	0.01	192
U8	HP 一阶不平衡量	0.07	254
U9	ILP 一阶不平衡量	0.51	325
U10	ILP 二阶不平衡量	0.26	289,348

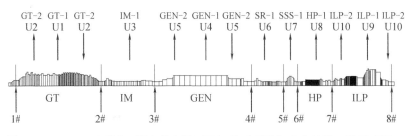

图 3-63 V94.3A 燃气-蒸汽联合循环机组轴系不平衡响应计算工况示意图

分别在各个转子轴段添加不平衡量,采用自编程序计算轴系的不平衡响应,计算转速从 0 r/min 增加到 4000 r/min,步长为 60 r/min,各个轴承动力学参数根据厂方提供的 20 组同转速下的动力学参数插值得到。下面分别计算 8 个轴承位置的响应,见图 3-64 至图 3-73。

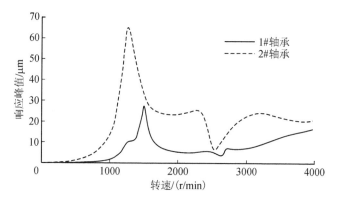

图 3-64　V94.3A 燃气-蒸汽联合循环机组轴系在 GT-1 位置加一
　　　　阶不平衡量的 1# 和 2# 轴承响应

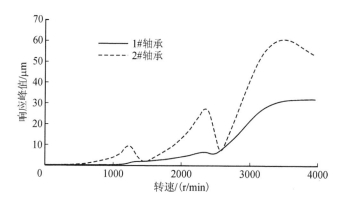

图 3-65　V94.3A 燃气-蒸汽联合循环机组轴系在 GT-2 位置加二
　　　　阶不平衡量的 1# 和 2# 轴承响应

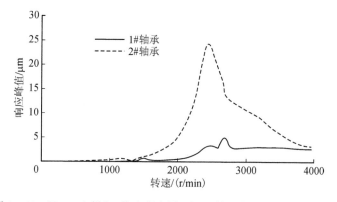

图 3-66　V94.3A 燃气-蒸汽联合循环机组轴系在 IM-1 位置加一
　　　　阶不平衡量的 1# 和 2# 轴承响应

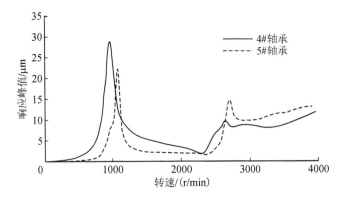

图 3-67　V94.3A 燃气-蒸汽联合循环机组轴系在 GEN-1 位置加一
　　　　　阶不平衡量的 4# 和 5# 轴承响应

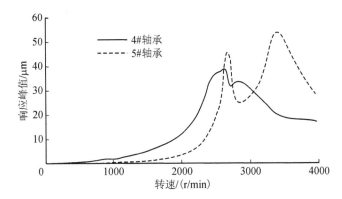

图 3-68　V94.3A 燃气-蒸汽联合循环机组轴系在 GEN-2 位置加二
　　　　　阶不平衡量的 4# 和 5# 轴承响应

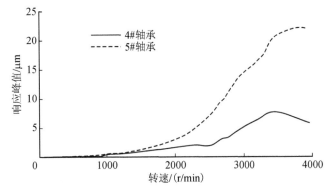

图 3-69　V94.3A 燃气-蒸汽联合循环机组轴系在 SR-1 位置加一阶
　　　　　不平衡量的 4# 和 5# 轴承响应

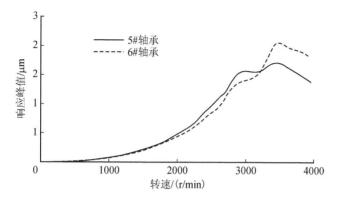

图 3-70　V94.3A 燃气-蒸汽联合循环机组轴系在 SSS-1 位置加一
　　　　阶不平衡量的 5# 和 6# 轴承响应

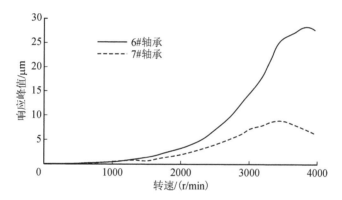

图 3-71　V94.3A 燃气-蒸汽联合循环机组轴系在 HP-1 位置加一
　　　　阶不平衡量的 6# 和 7# 轴承响应

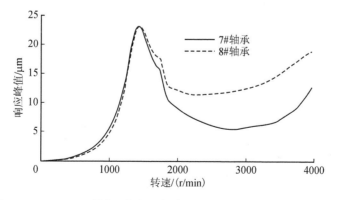

图 3-72　V94.3A 燃气-蒸汽联合循环机组轴系在 ILP-1 位置加一
　　　　阶不平衡量的 7# 和 8# 轴承响应

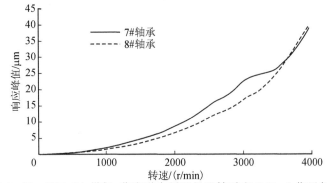

图 3-73 V94.3A 燃气-蒸汽联合循环机组轴系在 ILP-2 位置加二
阶不平衡量的 7# 和 8# 轴承响应

提取运行转速 3000 r/min 下的响应单峰值,如表 3-15 所示。根据 ISO 7919 标准,旋转机械振动采用 4 个评价区域描述。根据表 3-16 中和表 3-17 的区域边界振动峰值,3000 r/min 转速下轴系安全运行的振动单峰值均小于 A/B 区域的交界值(44 μm),根据表所列计算结果,所有不平衡响应计算工况的响应单峰值均小于 44 μm,因此额定转速 3000 r/min 下机组运行符合 ISO 7919 标准对振动的要求。

表 3-15　V94.3A 燃气-蒸汽联合循环机组轴系的不平衡响应单峰值

计算工况	不平衡量	额定转速下的响应单峰值/μm	最大响应位置
U1	GT 一阶不平衡量	22.7	2# 轴承
U2	GT 二阶不平衡量	41.6	2# 轴承
U3	IM 一阶不平衡量	10.7	2# 轴承
U4	GEN 一阶不平衡量	9.85	5# 轴承
U5	GEN 二阶不平衡量	43.2	3# 轴承
U6	SR 一阶不平衡量	14.5	5# 轴承
U7	SSS 一阶不平衡量	1.57	5# 轴承
U8	HP 一阶不平衡量	14.7	6# 轴承
U9	ILP 一阶不平衡量	12.6	8# 轴承
U10	ILP 二阶不平衡量	22.5	7# 轴承

表 3-16　ISO 7919 旋转机械振动峰值的评价区域

评价区域	区域运行说明
A	一般经过审核的新机组在此区域
B	可以长期正常运行,不用采取干预措施
C	不适于长期连续运行,可以在采取干预措施之前短时间运行
D	非常严重,有可能导致机组损坏,不能继续运行

表 3 - 17　ISO 7919 标准旋转机械区域的边界峰-峰值响应

区域边界	转速/(r/min)			
	1500	1800	3000	3600
	峰-峰值响应/μm			
A/B	124	113	88	80
B/C	232	212	164	150
C/D	341	311	241	220

注:A/B 区,$S_{pp}=4800/\sqrt{n}$;B/C 区,$S_{pp}=9000/\sqrt{n}$;C/D 区,$S_{pp}=13200/\sqrt{n}$。

3.2.2.6　V94.3A 燃气-蒸汽联合循环机组轴系弯曲振动的稳定性分析

　　根据国内大机组设计导则的轴系设计准则,机组轴系弯曲振动需要满足以下要求:(1)要求避开工作转速的±10%的范围;(2)限制给定不平衡量的动态响应值。

　　目前,新的 Q 因子(共振转速响应峰值的灵敏度)准则被用来代替临界转速避开率,最初见于 1979 年出版的《第八届透平机械研讨会论文》,同年被写入美国API612 标准,1991 年被西屋公司编入 PH 文件(PH29348)。Q 因子的具体要求如表 3 - 18 所示。各阶固有频率的 Q 因子如图 3 - 74 所示,在运行转速的±10%区间内,第 16、17、18 阶不满足避开率要求,其对应的 Q 因子均小于允许值。因此机组运行满足安全要求。

表 3 - 18　Q 因子具体要求

Q 因子取值	预期的运行情况
$Q<2.5$	峰值响应检测不到,可以连续运行
$2.5\leqslant Q<5.0$	可检测到很小的峰值响应,将转子平衡后,可以连续运行
$5.0\leqslant Q<10.0$	峰值响应易检测到,需要高速平衡后方可连续运行
$10.0\leqslant Q<15.0$	峰值响应中等,需要进行现场平衡
$15.0\leqslant Q<25.0$	峰值响应较大,需要进行现场平衡
$Q\geqslant 25.0$	峰值响应非常大,建议改进设计

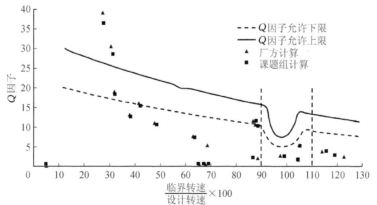

图3-74　V94.3A 燃气-蒸汽联合循环机组轴系各阶弯曲固有频率的 Q 因子分布图

综上所述,机组安全性校核需要结合避开率和 Q 因子综合判断,当计算出的临界转速不满足避开率要求时,如果 Q 因子符合安全性评价标准,则认为机组设计也是符合安全性要求的。

3.2.2.7 V94.3A 燃气-蒸汽联合循环机组轴系扭转振动的固有频率分析

该联合循环机组轴系由燃气轮机、发电机、3S 联轴器、汽轮机高压缸、汽轮机中低压缸组成,轴系全长 37.7 m,机组特点为:燃气轮机采用冷端驱动,完全实现燃气轮机和汽轮机轴向排气;发电机和汽轮机之间由 3S 联轴器连接,可以吸收轴向膨胀,使燃气轮机独立运行。采用自编程序计算,燃气轮机部分模化数据采用应变能法进行刚度模化,共 101 段,102 个节点。其余部分的模化数据及轴承参数均来自厂方,轴系共 354 段,355 个节点,如图 3-75 所示,轴系扭振固有频率的计算结果见表 3-19,对应振型见图 3-76 至图 3-81。

图 3-75　V94.3A 燃气-蒸汽联合循环机组轴系扭转刚度直径的模化示意图

表 3-19　**V94.3A 燃气-蒸汽联合循环机组轴系扭转固有频率的计算结果**

扭振阶数	自编程序/Hz	厂方提供/Hz	相对误差/%
1	5.30	5.30	0.02
2	15.08	15.10	−0.15
3	69.93	70.00	−0.10
4	107.71	108.50	−0.73
5	130.72	131.90	−0.89
6	150.00	150.30	−0.20

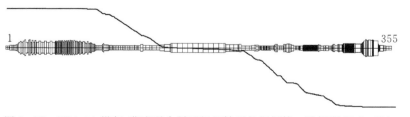

图 3-76　V94.3A 燃气-蒸汽联合循环机组轴系的扭振第一阶振型(5.30 Hz)

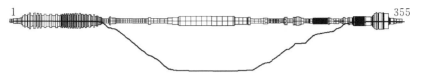

图 3-77　V94.3A 燃气-蒸汽联合循环机组轴系的扭振第二阶振型(15.08 Hz)

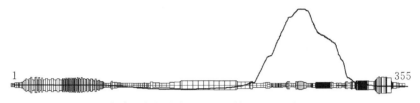

图 3-78　V94.3A 燃气-蒸汽联合循环机组轴系的扭振第三阶振型(69.93 Hz)

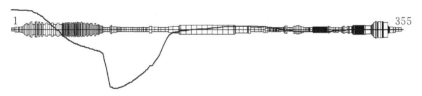

图 3-79　V94.3A 燃气-蒸汽联合循环机组轴系的扭振第四阶振型(107.71 Hz)

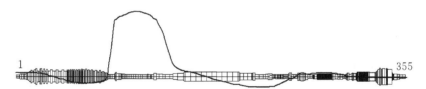

图 3-80　V94.3A 燃气-蒸汽联合循环机组轴系的扭振第五阶振型(130.72 Hz)

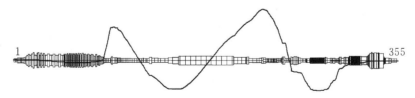

图 3-81　V94.3A 燃气-蒸汽联合循环机组轴系的扭振第六阶振型(150.00 Hz)

3.2.2.8　V94.3A 燃气-蒸汽联合循环机组轴系的扭振响应分析

汽轮发电机组在运行过程中可能会遭受各种来自机组外的电气干扰,最典型的有电厂附近或发电机端发生的各种短路。在短路持续时间内,发电机以暂态交变电磁力矩激励转子振动。在所有发电机端部短路故障中,以两相短路产生的瞬时力矩最大,从频率分布来看,此扭矩主要来源于气隙扭矩产生的工频激励、电枢扭矩产生的倍频激励和直流激励。因此,发电机端两相短路时的电磁激振力矩为

$$M(t) = \sum e^{-\alpha_i t} [A_i \sin(2\pi f_i t) + B_i \cos(2\pi f_i t)] \quad (3-53)$$

以上为电磁激振力的广义方程，i 从 1 取到 4，根据厂方提供的电磁参数得到时长为 1 s 的扭矩变化曲线如图 3 - 82 所示，可以看到扭矩冲击随时间是逐渐衰减的。

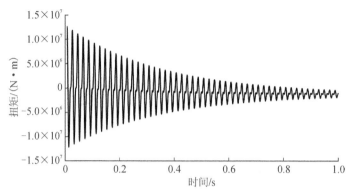

图 3 - 82　V94.3A 燃气-蒸汽联合循环机组两相短路时的电磁扭矩时域曲线

可把电磁扭矩分为 10 个部分分别添加在发电机相应位置，见图 3 - 83，两相短路响应计算采用振型叠加法，计算时间选取 1 s，时间步长为 8.3×10^{-4} s，计算轴系中 8 处轴承轴颈位置的响应结果如表 3 - 20 所示。最大扭矩为 -2.31×10^6 N·m，对应 7# 轴承轴颈位置；最大剪应力为 161.01 MPa，对应 2# 轴承轴颈位置。

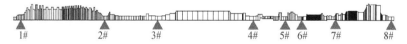

图 3 - 83　V94.3A 燃气-蒸汽联合循环机组轴系中的扭振响应计算示意图

表 3 - 20　**V94.3A 燃气-蒸汽联合循环机组轴系中轴承轴颈位置两相短路响应的计算结果**

位置	最大扭矩对应时间/s	最大扭矩/(N·m)	最大剪应力/MPa
1# 轴承轴颈	0.04833	-4.11×10^3	-0.18
2# 轴承轴颈	0.01417	2.04×10^6	161.01
3# 轴承轴颈	0.01667	1.63×10^6	140.13
4# 轴承轴颈	0.1175	1.33×10^6	114.35
5# 轴承轴颈	0.0125	-1.37×10^6	-154.90
6# 轴承轴颈	0.01667	-1.88×10^6	-213.14
7# 轴承轴颈	0.01667	-2.31×10^6	-262.24
8# 轴承轴颈	0.01667	-4.01×10^2	-0.05

分别计算轴承轴颈各个截面的响应曲线,即截面剪应力,见图 3-84。两相短路时轴系截面的最大剪应力发生在 7#轴承附近的 278 节点位置,最大剪应力 τ_{max} 为 262.24 MPa,此处转子材料为 26NiCrMnV145Mod,屈服极限 $\sigma_{0.2}$=870 MPa,许用应力$[\tau]$=0.57$\sigma_{0.2}$=495.9 MPa,故 $\tau_{max}<[\tau]$,满足强度要求。

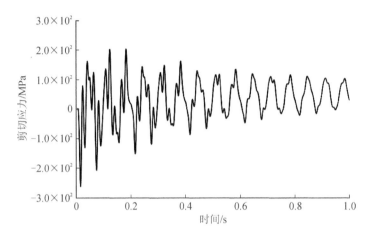

图 3-84　V94.3A 燃气-蒸汽联合循环机组 7#轴承轴颈截面的两相短路响应图

3.2.3　GE9FA 燃气-蒸汽联合循环机组的轴系动力学特性

3.2.3.1　机组简介

GE9FA 燃气轮机为美国通用公司生产的 9F 机型,已广泛应用于世界各地重型燃气轮机发电行业,采用单轴布置和冷端驱动的燃气-蒸汽联合循环轴系布置如图 3-85 所示,沿轴向共布置 8 个轴承。

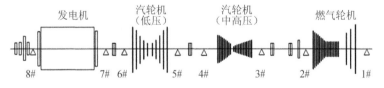

图 3-85　GE9FA 燃气-蒸汽联合循环机组布置图

3.2.3.2　GE9FA 燃气轮机转子的结构简介

GE9FA 燃气轮机结构如图 3-86 所示,压气机和透平的各级轮盘均通过平面接触摩擦传递扭矩,压气机部分通过周向均布拉杆预紧连接各级轮盘,透平部分采用中介轴和分级预紧保证大扭矩传递。

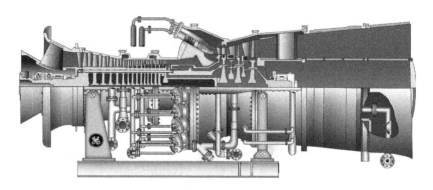

图 3-86　GE9FA 燃气轮机转子的结构图

3.2.3.3　GE9FA 燃气-蒸汽联合循环机组轴系弯曲的阻尼临界转速计算

　　轴系的计算模型采用的是沿轴向的一维有限元模型,分为 458 段、459 个节点,各段的尺寸、质量以及转轴的材料特性数据由厂方提供。轴系弯曲振动模化的刚度直径和质量直径如图 3-87 和图 3-88 所示。计算结果汇总于表 3-21,对应的前五阶弯曲振型见图 3-89 至图 3-93。

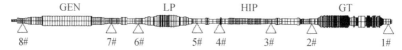

图 3-87　GE9FA 燃气-蒸汽联合循环机组轴系弯曲振动模化刚度直径的示意图

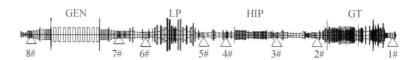

图 3-88　GE9FA 燃气-蒸汽联合循环机组轴系弯曲振动模化质量直径的示意图

表 3-21　GE9FA 燃气-蒸汽联合循环机组轴系弯曲振动频率的计算结果

模态	频率/Hz	转速/(r/min)	Q 因子	GE 提供转速/(r/min)	临界转速的相对误差/%	GE 提供的 Q 因子	Q 因子相对误差/%
1	12.90	773.79	50.57	816	5.17	39.5	−28.03
2	17.41	1044.86	4.99	1048	0.30	7.9	36.84
3	17.46	1047.82	6.24	971	−7.91	23.7	73.67
4	18.40	1103.98	5.19	1026	−7.60	20.6	74.81
5	18.82	1129.29	7.49	1073	−5.25	35.9	79.14

续表

模态	频率/Hz	转速/(r/min)	Q因子	GE提供转速/(r/min)	临界转速的相对误差/%	GE提供的Q因子	Q因子相对误差/%
6	21.62	1297.28	1.64	1230	−5.47	3.1	47.10
7	26.63	1597.82	1.34	1451	−10.12	14.5	90.76
8	28.25	1695.10	5.35	1867	9.21	6.2	13.71
9	33.13	1987.50	1.07	2221	10.51	2.6	58.85
10	33.57	2014.25	3.25	1760	−14.45	7.3	55.48
11	38.01	2280.88	1.57	2501	8.80	3.3	52.42
12	42.62	2556.90	1.04	2490	−2.69	13.9	92.52
13	46.99	2819.17	1.15	2766	−1.92	13.6	91.54
14	58.03	3481.72	3.18	3743	6.98	5.0	36.40
15	63.28	3797.06	4.59	3217	−18.03	10.2	55.00
16	65.14	3908.46	0.95	3405	−14.79	2.7	64.81

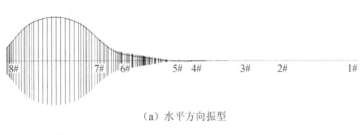

（a）水平方向振型

（b）竖直方向振型

图 3-89　GE9FA 燃气-蒸汽联合循环机组轴系第一阶弯曲振动特征值对应的
振型 773.79 r/min(Q=50.57)

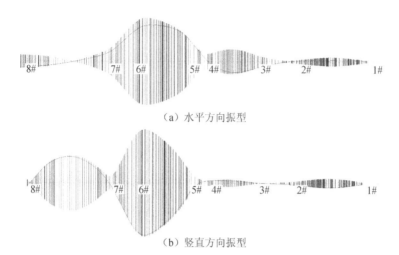

（a）水平方向振型

（b）竖直方向振型

图 3-90　GE9FA 燃气-蒸汽联合循环机组轴系第二阶弯曲振动特征值对应的
振型 1044.86 r/min(Q=4.99)

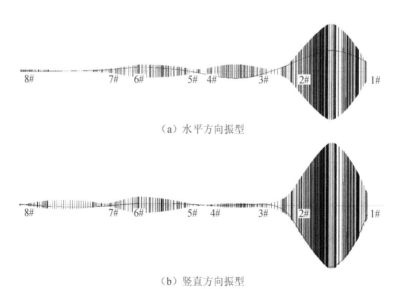

（a）水平方向振型

（b）竖直方向振型

图 3-91　GE9FA 燃气-蒸汽联合循环机组轴系第三阶弯曲振动特征值对应的振
型 1047.82 r/min(Q=6.24)

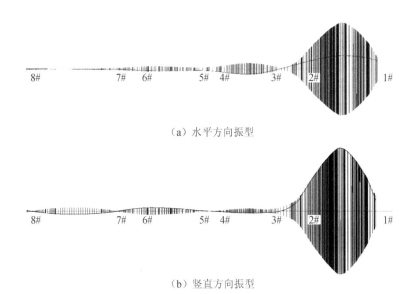

（a）水平方向振型

（b）竖直方向振型

图 3 - 92　GE9FA 燃气-蒸汽联合循环机组轴系第四阶弯曲振动特征值对应的
振型 1103.98 r/min（Q＝5.19）

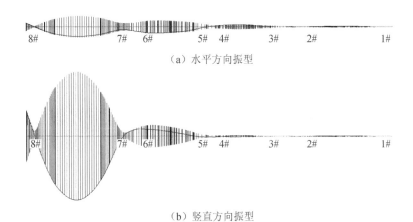

（a）水平方向振型

（b）竖直方向振型

图 3 - 93　GE9FA 燃气-蒸汽联合循环机组轴系第五阶弯曲振动特征值对应的
振型 1129.29 r/min（Q＝7.49）

3.2.3.4 GE9FA 燃气-蒸汽联合循环机组轴系弯曲振动的不平衡响应

GE9FA 不平衡响应的"屋脊"模型如图 3－94 所示，在 GE 不平衡响应计算中假设燃气轮机转子偏心距分布呈"屋脊"型，顶点偏心距为 25.4 μm，轴承处偏心距为 0，中间节点通过线性插值得到偏心距，由节点质量乘以偏心距得到各节点的不平衡量，各节点的偏心距分布如图 3－95 所示。GE9FA 燃气-蒸汽联合循环机组轴系 1# 至 4# 轴承的不平衡响应如图 3－96 所示，其余轴承（5# 至 8# 轴承）的响应均小于 5 μm。提取各个轴承位置的最大响应值和额定转速下的轴承响应汇总于表3－22，可以看出在额定转速下各个轴承的响应值小于 7 μm，轴系振动特性良好。

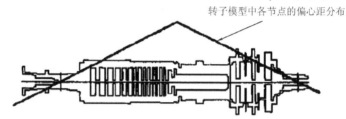

图 3－94　GE9FA 不平衡响应的"屋脊"模型示意图

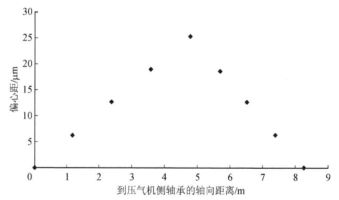

图 3－95　GE9FA 不平衡响应的"屋脊"模型加载节点示意图

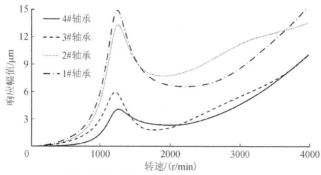

图 3－96　GE9FA 燃气-蒸汽联合循环机组轴系 1# 至 4# 轴承的不平衡响应图

表 3 - 22　　GE9FA 燃气轮机加"屋脊"型不平衡量的轴系响应

轴承号	燃气轮机转子		高中压转子		低压转子		发电机转子	
	1#	2#	3#	4#	5#	6#	7#	8#
最大响应转速/(r/min)	1240	1240	1220	1260	1240	1260	1280	1280
最大响应单峰值/μm	20.14	18.00	7.91	5.34	0.81	1.20	0.66	0.73
额定转速下的单峰值/μm	6.92	6.61	3.41	2.87	0.28	0.65	0.48	0.67

3.2.3.5　GE9FA 轴系扭转振动的临界转速与两相短路时的轴颈响应

　　采用连续质量的传递矩阵法,计算轴系的扭转固有频率,共划分 404 段,如图 3-97 和图 3-98 所示,未计算叶片分支系统,得到结果对比如表 3-23 所示,对应振型图见图 3-99 至图 3-102。

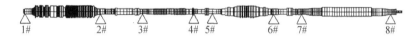

图 3 - 97　GE9FA 轴系扭振模化刚度直径的示意图

图 3 - 98　GE9FA 轴系扭振模化质量直径的示意图

表 3 - 23　　GE9FA 轴系扭振固有频率的计算结果

模态	频率/Hz	转速/(r/min)	相对一倍转速的百分比/%	相对两倍转速的百分比/%	GE 提供频率/Hz	相对误差/%
1	8.68	520.5	17.4	8.7	8.6	0.93
2	26.78	1606.9	53.6	26.8	26.6	0.68
3	58.75	3525.1	117.5	58.8	58.2	0.95
4	102.44	6146.3	204.9	102.4	102.6	0.16
—	—	—	—	—	110.2*	—
—	—	—	—	—	120.0*	—
5	141.11	8466.7	282.2	141.1	—	—

注:* 表示末级叶片分支的频率。

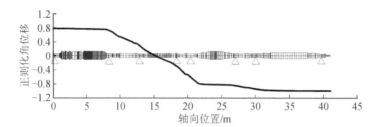

图 3-99　GE9FA 轴系扭振的第一阶振型 520.5 r/min

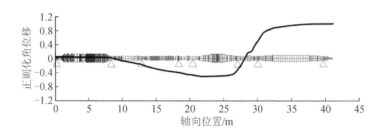

图 3-100　GE9FA 轴系扭振的第二阶振型 1606.9 r/min

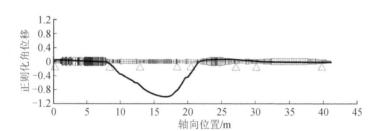

图 3-101　GE9FA 轴系扭振的第三阶振型 3525.1 r/min

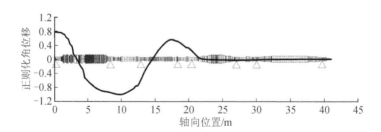

图 3-102　GE9FA 轴系扭振的第四阶振型 6146.3 r/min

　　机组在正常满负荷工况下,轴系所受的额定扭矩 T_n 可由功率 P_n 和转速 n 按下式计算得到:

$$P_n = 468 \text{ MW}$$

$$T_n = 9550 \frac{P_n}{n} = 1.49 \times 10^6 (\text{N} \cdot \text{m})$$

发电机额定输出功率为 397.8 MW,功率因数为 0.85,发电机转子的实际承载功率为 468 MW。汽轮发电机两相突然短路的力矩表达式(标幺值)为

$$T = 6.729\text{e}^{-3.0832t}\sin\omega t - 3.364\text{e}^{-2.169t}\sin2\omega t + 0.904\text{e}^{-2.788t}$$

此扭矩标幺值随时间的变化曲线如图 3-103 所示。

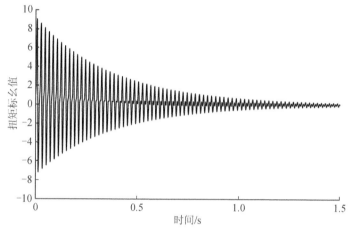

图 3-103　GE9FA 轴系两相短路时的电磁扰动扭矩图

计算两相短路下的转子响应并提取相关截面(见图 3-104)的计算结果,汇总最大应力和最大扭矩于表 3-24,得到两相短路时的最大扭矩为 7.56×10^6 N·m,出现在 6#轴承轴颈处;GE 提供的最大扭矩值也出现在 6#轴承轴颈处,最大扭矩值为 1.0×10^7 N·m,相对误差为 24.4%;最大应力为 248.64 MPa,出现在发电机透平端外伸段颈部,与 GE 最大值出现部位相同;GE 最大值为 310.28 MPa,相对误差为 19.87%。

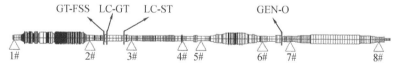

GT-FSS(GT-Forward Stub)—燃气轮机GT转子外伸段颈部;
LC-GT(Load Coupling-GT End)—连接轴GT侧颈部;
LC-ST(Load Coupling-ST End)—连接轴ST侧颈部;
GEN-O(Generator TE Overhang)—发电机透平端外伸段颈部。

图 3-104　GE9FA 轴系两相短路时的计算界面示意图

发电机材料为 26Cr2Ni4MoV,其抗拉屈服强度为 630.4 MPa,则剪切许用应力为 0.577×630.4 MPa=363.7 MPa,转子上最大剪应力小于剪切许用应力,转子安全。

表 3 - 24　GE9FA 轴系两相短路时各计算截面的最大扭矩及应力

位置	最大扭矩对应时间/s	最大扭矩/(N·m)	最大应力/MPa	GE 提供最大扭矩/(N·m)	与 GE 扭矩的相对误差/%	GE 提供最大应力/MPa	与 GE 最大应力的相对误差/%
1#轴承轴颈	0.0633	3.82×10^3	0.12	2.01×10^3	—	0	—
2#轴承轴颈	0.0275	2.43×10^6	74.01	3.51×10^6	30.77	110.32	32.91
GT 转子外伸段颈部	0.0275	2.43×10^6	104.16	3.51×10^6	30.77	172.38	39.58
连接轴 GT 侧颈部	0.0275	2.40×10^6	72.62	3.49×10^6	31.23	96.53	24.77
连接轴 ST 侧颈部	0.0275	2.36×10^6	103.35	3.45×10^6	31.59	151.69	31.87
3#轴承轴颈	0.0275	2.30×10^6	104.35	3.41×10^6	32.55	151.69	31.21
4#轴承轴颈	0.0358	2.27×10^6	121.13	3.66×10^6	37.98	165.48	26.80
5#轴承轴颈	0.0358	2.33×10^6	105.58	3.71×10^6	37.20	165.48	36.20
6#轴承轴颈	0.0125	7.56×10^6	193.03	1.00×10^7	24.40	255.12	24.34
发电机透平端外伸段颈部	0.0125	6.78×10^6	248.64	9.29×10^6	27.02	310.28	19.87
7#轴承轴颈	0.0125	6.66×10^6	194.42	9.18×10^6	27.45	268.91	27.70
8#轴承轴颈	0.015	2.80×10^4	0.94	5.27×10^4	—	0	—

3.3　拉杆转子接触界面的非线性响应分析

3.3.1　拉杆转子轮盘接触界面的非线性响应分析[2]

　　拉杆转子在高速旋转状态下，不仅受到拉杆预紧力作用，还受到由重力、不平衡力产生的脱开力矩作用。该脱开力矩使得拉杆转子接触界面的接触状态发生改变，并影响接触界面的刚度。当由于转子弯曲、叶片脱落等故障产生过大的脱开力矩并大于一定的临界值后，拉杆转子的轮盘接触界面会发生分离的故障。接触界面的分离故障一方面会降低转子的弯曲刚度，同时也使得转子的弯曲刚度具有类似裂纹转子的时变特征，并使转子的振动呈现非线性的特征。本章研究了脱开力矩对拉杆转子弯曲刚度的影响，提出了接触界面发生分离故障时的转子非线性动力学特性分析方法,并以一简化的拉杆 Jeffcott 转子为例研究了其接触界面发生分离故障时的动力学特性。

下面以简化的拉杆 Jeffcott 转子(见图 3-105)为研究对象,阐明接触界面分离对拉杆转子动力学特性的影响。

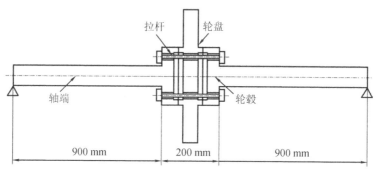

图 3-105　拉杆 Jeffcott 转子结构图

如图 3-106 所示为拉杆 Jeffcott 转子的刚度模型,拉杆弯曲刚度和轮盘的弯曲刚度是并联关系,其中周向均布拉杆(见图 3-107)的弯曲刚度 K_{rod} 可写为

$$K_{rod} = k_{rod} r_p^2 \sum_{i=1}^{N_{rod}} \sin^2 \left(\frac{2\pi i}{N_{rod}} + \theta_{rod} \right) + N_{rod} k_{ryc} \qquad (3-54)$$

式中,k_{rod} 为单个拉杆的轴向抗拉刚度;r_p 为拉杆分布节圆半径;N_{rod} 为拉杆数量;θ_{rod} 为图 3-107 中第 1 个拉杆与 x 轴的夹角;k_{ryc} 为单个拉杆的弯曲刚度;d_{rod} 为拉杆直径。当拉杆数 $N_{rod} \geqslant 3$ 时,上式可写为

$$K_{rod} = \frac{N_{rod} k_{rod} r_p^2}{2} + N_{rod} k_{ryc} \approx \frac{N_{rod} k_{rod} r_p^2}{2} \qquad (3-55)$$

可见当 $N_{rod} \geqslant 3$ 时,周向均布拉杆的弯曲刚度 K_{rod} 与角度 θ_{rod} 无关,说明其具有各向同性的特点,而真实的拉杆转子的拉杆数满足 $N_{rod} \geqslant 3$,拉杆的弯曲刚度是各向同性的。

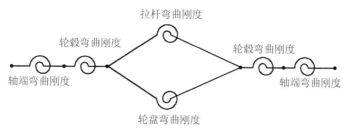

图 3-106　拉杆 Jeffcott 转子的刚度模型

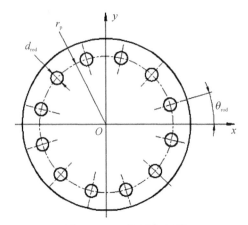

图 3 - 107　拉杆分布图

轮盘弯曲刚度由轮盘本身弯曲刚度
和轮盘接触界面弯曲刚度串联而成,而轮
盘接触界面的弯曲刚度还受到脱开力矩
的影响。拉杆转子在动态下受到的脱开
力矩可分为由转子重力产生的静态脱开
力矩和由质量不平衡力等力作用产生的
动态脱开力矩。

在如图 3 - 108 所示的旋转坐标系
中,当涡动转速 Ω 一定时,轮盘接触界面
在 ζ 方向的弯曲刚度 k_ζ 可写为转角 Ωt
的函数:

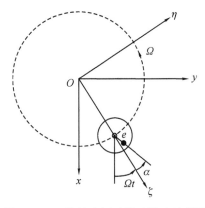

图 3 - 108　旋转坐标系转子涡动示意图

$$k_\zeta = k_{\zeta 0} + \Delta k_\zeta(\Omega t) \tag{3-56}$$

式中,$k_{\zeta 0}$ 为接触界面初始弯曲刚度;$\Delta k_\zeta(\Omega t)$ 为其弯曲刚度的变化量。由于接触状
态在各个转角时不相同,$\Delta k_\zeta(\Omega t)$ 在各个转角的值也不同,接触界面在 ζ 方向的弯
曲刚度 $\Delta k_\zeta(\Omega t)$ 具有时变特征。

3.3.2　拉杆转子的动力学特性分析

拉杆 Jeffcott 转子的运动方程为

$$M\ddot{q} + C\dot{q} + Kq = W + F_U \tag{3-57}$$

式中,q 为总位移向量;M、C 和 K 分别为质量矩阵、阻尼矩阵和刚度矩阵;W 为重
力向量;F_U 为不平衡力向量。以上量可分别表示为

$$q = q_s + \Delta q = \begin{bmatrix} x_s \\ 0 \end{bmatrix} + \begin{bmatrix} \Delta x \\ \Delta y \end{bmatrix} \tag{3-58}$$

$$K = K_0 + \Delta K = \begin{bmatrix} k_0 & 0 \\ 0 & k_0 \end{bmatrix} + \begin{bmatrix} \Delta k_x & 0 \\ 0 & \Delta k_y \end{bmatrix} \tag{3-59}$$

$$W = (K_0 + \Delta K_s) q_s = \left(\begin{bmatrix} k_0 & 0 \\ 0 & k_0 \end{bmatrix} + \begin{bmatrix} \Delta k_{xs} & 0 \\ 0 & 0 \end{bmatrix} \right) \begin{bmatrix} x_s \\ 0 \end{bmatrix} \tag{3-60}$$

$$F_U = me\Omega^2 \begin{bmatrix} \cos(\Omega t + \alpha) \\ \sin(\Omega t + \alpha) \end{bmatrix} \tag{3-61}$$

式中，q_s 为（重力作用下）静态位移向量；Δq 为动态位移向量；K_0 为初始刚度矩阵（脱开力矩为 0 时）；ΔK 为脱开力矩下刚度矩阵的变化量；ΔK_s 为静态下（重力作用下）刚度矩阵的变化量。将式（3-58）至式（3-61）代入式（3-57）中可得

$$M\Delta\ddot{q} + C\Delta\dot{q} + K_0\Delta q = (\Delta K_s - \Delta K)q_s - \Delta K\Delta q + F_U \tag{3-62}$$

式中，ΔK 在惯性坐标系（见图 3-108）中可写为

$$\Delta K = T^{-1}\Delta K_{rot} T \tag{3-63}$$

式中，T 为旋转坐标系与惯性坐标系的转换矩阵；ΔK_{rot} 为旋转坐标系下的刚度矩阵。这两个量可分别写为

$$T = \begin{bmatrix} \cos\Omega t & \sin\Omega t \\ -\sin\Omega t & \cos\Omega t \end{bmatrix} \tag{3-64}$$

$$\Delta K_{rot} = \begin{bmatrix} \Delta k_\zeta & 0 \\ 0 & 0 \end{bmatrix} \tag{3-65}$$

式中，Δk_ζ 为在旋转坐标系中转子在 ζ 方向由于脱开力矩带来的横向刚度的削弱量。将式（3-64）和式（3-65）代入式（3-63）可得

$$\Delta K = \begin{bmatrix} \Delta k_x & 0 \\ 0 & \Delta k_y \end{bmatrix} = -\frac{1}{2}\Delta k_\zeta \begin{bmatrix} 1 + \cos 2\Omega t & \sin 2\Omega t \\ \sin 2\Omega t & 1 - \cos 2\Omega t \end{bmatrix} \tag{3-66}$$

接下来，将式（3-66）代入式（3-62）中，并可用复数表示为

$$m\Delta\ddot{r} + c\Delta\dot{r} + k_0\Delta r = \Delta k_{xs}x_s + \frac{1}{2}\Delta k_\zeta x_s(1 + e^{i2\Omega t})$$
$$+ \frac{1}{2}\Delta k_\zeta(\Delta r + \overline{\Delta r}e^{i2\Omega t}) + me\Omega^2 e^{i(\Omega t + \alpha)} \tag{3-67}$$

式中，$\Delta r = \Delta x + i\Delta y$，$\overline{\Delta r} = \Delta x - i\Delta y$，$i = \sqrt{-1}$。

由于式中 Δk_ζ 具有时变特征，采用谐波平衡法求解，将拉杆 Jeffcott 转子的稳态响应 Δr 表示为各次谐波响应的和，即

$$\Delta r = \sum_{n=-\infty}^{+\infty} \Delta\hat{r}_n e^{in\Omega t}, \quad n = 0, \pm 1, \pm 2, \pm 3, \cdots \tag{3-68}$$

式中，$\hat{r}_n$ 为第 n 次谐波响应的幅值，由于高阶谐波响应的成分非常小，所以只保留低阶（低于 $n = \pm 3$）谐波响应成分。稳态响应的总幅值 $\hat{r}$ 为

$$\hat{r} = \hat{r}_s \left[\left(\sum_{n=-3}^{+3} \chi_n \cos(n\Omega t) + 1 \right)^2 + \left(\sum_{n=-3}^{+3} \chi_n \sin(n\Omega t) \right)^2 \right]^{1/2} \quad (3-69)$$

式中，$\hat{r}_s = x_s$ 为重力作用下的静态位移；$\chi_n = \Delta \hat{r}_n / \hat{r}_s$ 为第 n 次谐波响应的无量纲幅值。由于在预紧力一定的情况下，Δk_ζ 为接触界面脱开力矩的函数，而脱开力矩又是各次谐波响应总幅值 $\hat{r}$ 的函数，所以 Δk_ζ 为 $\hat{r}$ 的函数，即 $\Delta k_\zeta = f(\hat{r})$，其可写为傅里叶级数形式：

$$\Delta k_\zeta = \frac{a_0}{2} + \sum_{n=1}^{+\infty} (a_n \cos n\Omega t + b_n \sin n\Omega t) \quad (3-70)$$

式中，系数 a_0、a_n 和 b_n 分别为

$$a_0 = \frac{2}{T} \int_{-\frac{T}{2}}^{\frac{T}{2}} f(\hat{r}) \, dt \quad (3-71)$$

$$a_n = \frac{2}{T} \int_{-\frac{T}{2}}^{\frac{T}{2}} f(\hat{r}) \cos n\Omega t \, dt, \, n = 1, 2, 3, \cdots \quad (3-72)$$

$$b_n = \frac{2}{T} \int_{-\frac{T}{2}}^{\frac{T}{2}} f(\hat{r}) \sin n\Omega t \, dt, \, n = 1, 2, 3, \cdots \quad (3-73)$$

由于 $f(\hat{r})$ 为偶函数，所以系数 $b_n = 0$，同样截取低阶（低于 $n = \pm 3$）的成分，式 (3-70) 可写为

$$\Delta k_\xi = \frac{a_0}{2} + \sum_{n=1}^{3} a_n \cos n\Omega t = \frac{1}{2} \sum_{n=-3}^{+3} a_n e^{in\Omega t} \quad (3-74)$$

将式 (3-70) 和式 (3-74) 代入式 (3-67) 可得

$$(\boldsymbol{E}(n\Omega) - \boldsymbol{A}) \Delta \hat{\boldsymbol{r}} = \boldsymbol{F} \quad (3-75)$$

式中，$\boldsymbol{E}(n\Omega)$ 为系统动刚度矩阵（其为对角矩阵）；$\boldsymbol{A}$ 为系数矩阵；$\Delta \hat{\boldsymbol{r}}$ 为各次谐波的响应幅值向量；$\boldsymbol{F}$ 为激励向量。以上量可分别表示为

$$\boldsymbol{E}(n\Omega) = \mathrm{diag}(E_{-3}, E_{-2}, E_{-1}, E_0, E_1, E_2, E_3) \quad (3-76)$$

式中

$$E_n = -\Omega^2 n^2 m + i\Omega nc + k_0, \, n = \pm 3, \pm 2, \pm 1, 0 \quad (3-77)$$

$$\boldsymbol{A} = \frac{1}{4} \begin{bmatrix} a_0 & a_1 & a_2 & a_3 & 0 & a_3 & a_2 \\ & a_0 & a_1 & a_2 & 2a_3 & a_2 & a_1 \\ & & a_0 & a_1+a_3 & 2a_2 & a_1+a_3 & 2a_0 \\ & & & a_0+a_2 & 2a_1 & a_0+a_2 & a_1+a_3 \\ & & & & 2a_0 & 2a_1 & 2a_2 \\ & \text{Sym.} & & & & a_0+a_2 & a_1+a_3 \\ & & & & & & a_0 \end{bmatrix} \quad (3-78)$$

$$\Delta \hat{\boldsymbol{r}} = [\Delta \hat{r}_{-3}, \Delta \hat{r}_{-2}, \Delta \hat{r}_{-1}, \Delta \hat{r}_0, \Delta \hat{r}_1, \Delta \hat{r}_2, \Delta \hat{r}_3]^T \quad (3-79)$$

$$\boldsymbol{F} = x_s \left[\frac{a_3}{4}, \frac{a_2}{4}, \frac{a_1+a_3}{4}, \Delta k_{xs} + \frac{a_0+a_2}{4}, \frac{a_1}{2} + \frac{me\Omega^2 e^{i\alpha}}{x_s}, \frac{a_0+a_2}{4}, \frac{a_1+a_3}{4} \right]^T, \, x_s \neq 0 \quad (3-80)$$

由于系数矩阵 $\boldsymbol{A}$ 和激励向量 $\boldsymbol{F}$ 都为 $\Delta\hat{\boldsymbol{r}}$ 的函数，$\Delta\hat{\boldsymbol{r}}$ 不能直接从式(3－76)中求得，需要采用迭代的方法(如拟牛顿法)求得，该问题的目标函数可写为

$$f_{\text{obj}} = \sum_{j=1}^{7} \left| \Delta\hat{\boldsymbol{r}}_2(j) - \Delta\hat{\boldsymbol{r}}_1(j) \right| \leqslant \varepsilon_r \qquad (3-81)$$

式中，$\Delta\hat{\boldsymbol{r}}_1(j)$ 和 $\Delta\hat{\boldsymbol{r}}_2(j)$ 为由式(3－81)第 1 次和第 2 次计算得到的 $\Delta\hat{\boldsymbol{r}}$ 值；ε_r 为给定的残差阈值(例如，1.0×10^{-5})。计算的过程如图 3－109 所示，为了得到不同的解，需要在计算中给定 $\Delta\hat{\boldsymbol{r}}$ 的不同初值。

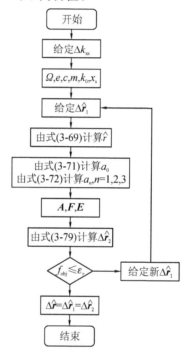

图 3－109　计算谐波响应幅值向量 $\Delta\hat{\boldsymbol{r}}$ 的流程图

3.3.2.1　拉杆转子的稳定性分析

由于存在非线性刚度 $\Delta\boldsymbol{K}$，式(3－67)的齐次部分有周期性变化的系数，齐次部分在状态空间中可写为

$$\begin{bmatrix} \boldsymbol{M} & \boldsymbol{C} \\ \boldsymbol{0} & \boldsymbol{M} \end{bmatrix} \begin{bmatrix} \ddot{\boldsymbol{q}} \\ \dot{\boldsymbol{q}} \end{bmatrix} = \begin{bmatrix} \boldsymbol{0} & -\boldsymbol{K} \\ \boldsymbol{M} & \boldsymbol{0} \end{bmatrix} \begin{bmatrix} \dot{\boldsymbol{q}} \\ \boldsymbol{q} \end{bmatrix} \qquad (3-82)$$

而在平衡状态的响应有扰动 $\boldsymbol{\delta}$ 时，$\boldsymbol{q}$ 和 $\boldsymbol{K}$ 可分别表示为

$$\boldsymbol{q} = \boldsymbol{q}_{\text{E}} + \boldsymbol{\delta} = \begin{bmatrix} x_{\text{E}} \\ y_{\text{E}} \end{bmatrix} + \begin{bmatrix} \delta_x \\ \delta_y \end{bmatrix} \qquad (3-83)$$

$$\boldsymbol{K} = \boldsymbol{K}_E + \boldsymbol{\delta}_k = \boldsymbol{K}_E - \frac{1}{2}\delta k_\xi \begin{bmatrix} 1 + \cos2\alpha & \sin2\alpha \\ \sin2\alpha & 1 - \cos2\alpha \end{bmatrix} \qquad (3-84)$$

式中，$\boldsymbol{q}_E$ 和 $\boldsymbol{K}_E$ 分别为平衡状态下的响应向量和转子刚度矩阵；$\boldsymbol{\delta}_k$ 为在扰动下转子刚度矩阵的扰动量；δk_ξ 为扰动下转子刚度的扰动量。将式(3-83)和式(3-84)代入式(3-82)中可得

$$\begin{bmatrix} \boldsymbol{M} & \boldsymbol{C} \\ \boldsymbol{0} & \boldsymbol{M} \end{bmatrix} \begin{bmatrix} \ddot{\boldsymbol{\delta}} \\ \dot{\boldsymbol{\delta}} \end{bmatrix} = \begin{bmatrix} \boldsymbol{0} & -\boldsymbol{K}_E \\ \boldsymbol{M} & \boldsymbol{0} \end{bmatrix} \begin{bmatrix} \dot{\boldsymbol{\delta}} \\ \boldsymbol{\delta} \end{bmatrix} + \begin{bmatrix} \boldsymbol{0} & -\boldsymbol{\delta}_k \\ \boldsymbol{0} & \boldsymbol{0} \end{bmatrix} \begin{bmatrix} \dot{\boldsymbol{q}}_E \\ \boldsymbol{q}_E \end{bmatrix} \qquad (3-85)$$

δk_ξ 可通过 Δk_ξ 计算，Δk_ξ 与总响应幅值 $\hat{r}$ 的关系可表示为如下函数：

$$\Delta k_\xi = f(\hat{r}) = \Delta k_{\xi E} + \delta k_\xi \qquad (3-86)$$

式中，$\Delta k_{\xi E}$ 为转子在平衡状态下的刚度变化量，$\hat{r} = \sqrt{x^2 + y^2}$，则函数 $f(x_E + \delta_x, y_E + \delta_y)$ 可通过截取二阶以下的泰勒级数表示为

$$f(x_E + \delta_x, y_E + \delta_y) = f(x_E, y_E) + \delta_x \frac{\partial f(x_E, y_E)}{\partial x} + \delta_y \frac{\partial f(x_E, y_E)}{\partial y} \qquad (3-87)$$

式中

$$\frac{\partial f(x_E, y_E)}{\partial x} = \frac{\partial f(x_E, y_E)}{\partial \hat{r}} \frac{\partial \hat{r}}{\partial x} = \frac{\partial f(x_E, y_E)}{\partial \hat{r}} \frac{x_E}{\hat{r}_E} \qquad (3-88)$$

$$\frac{\partial f(x_E, y_E)}{\partial y} = \frac{\partial f(x_E, y_E)}{\partial \hat{r}} \frac{\partial \hat{r}}{\partial y} = \frac{\partial f(x_E, y_E)}{\partial \hat{r}} \frac{y_E}{\hat{r}_E} \qquad (3-89)$$

将式(3-88)和式(3-89)代入式(3-87)可得

$$\delta k_\xi = f(x_E + \delta_x, y_E + \delta_y) - f(x_E, y_E) = \frac{\partial f(x_E, y_E)}{\partial \hat{r}} \left(\delta_x \frac{x_E}{\hat{r}_E} + \delta_y \frac{x_E}{\hat{r}_E} \right)$$
$$\qquad (3-90)$$

所以式(3-85)可表示为

$$\dot{\boldsymbol{Z}} = \boldsymbol{A}(t)\boldsymbol{Z} \qquad (3-91)$$

式中

$$\boldsymbol{Z} = \begin{pmatrix} \dot{\delta}_x & \dot{\delta}_y & \delta_x & \delta_y \end{pmatrix}^T \qquad (3-92)$$

$$\boldsymbol{A}(t) = \begin{bmatrix} -\dfrac{c}{m} & 0 & A_{13} & A_{14} \\ 0 & -\dfrac{c}{m} & A_{23} & A_{24} \\ 1 & 0 & 0 & 0 \\ 0 & 1 & 0 & 0 \end{bmatrix} \qquad (3-93)$$

式中

$$A_{13} = \left(\Delta k_{\xi E} + \frac{\partial f(x_E, y_E)\hat{r}_E \cos^2\alpha}{\partial \hat{r}} \right) \frac{(1 + \cos2\alpha)}{2m} + \frac{\partial f(x_E, y_E)\hat{r}_E}{\partial \hat{r}} \frac{\sin^2 2\alpha}{4m} - \frac{k_0}{m}$$
$$\qquad (3-94)$$

$$A_{14} = \left(\Delta k_{\xi E} + \frac{\partial f(x_E, y_E) \hat{r}_E \sin^2\alpha}{\partial \hat{r}} \right) \frac{\sin 2\alpha}{2m} + \frac{\partial f(x_E, y_E) \hat{r}_E}{\partial \hat{r}} \frac{(1 + \cos 2\alpha) \sin 2\alpha}{4m}$$

$$(3-95)$$

$$A_{23} = \left(\Delta k_{\xi E} + \frac{\partial f(x_E, y_E) \hat{r}_E \cos^2\alpha}{\partial \hat{r}} \right) \frac{\sin 2\alpha}{2m} + \frac{\partial f(x_E, y_E) \hat{r}_E}{\partial \hat{r}} \frac{(1 - \cos 2\alpha) \sin 2\alpha}{4m}$$

$$(3-96)$$

$$A_{24} = \left(\Delta k_{\xi E} + \frac{\partial f(x_E, y_E) \hat{r}_E \sin^2\alpha}{\partial \hat{r}} \right) \frac{(1 - \cos 2\alpha)}{2m} + \frac{\partial f(x_E, y_E) \hat{r}_E}{\partial \hat{r}} \frac{\sin^2 2\alpha}{4m} - \frac{k_0}{m}$$

$$(3-97)$$

　　由于式(3-91)是具有周期系数 $A(t)$ 的一阶系统,其稳定性可采用 Floquet 法[3]分析。基础矩阵(fundamental matrix)$\boldsymbol{\Phi}$ 定义为

$$\boldsymbol{Z}(T) = \boldsymbol{\Phi} \boldsymbol{Z}(0) \tag{3-98}$$

式中,$T = 2\pi/\Omega$ 为周期性状态矩阵 $\boldsymbol{A}(t)$ 的最小周期。基础矩阵 $\boldsymbol{\Phi}$ 满足如下常微分矩阵方程:

$$\dot{\boldsymbol{\Phi}} = \boldsymbol{A}(t)\boldsymbol{\Phi} \tag{3-99}$$

且 $\boldsymbol{\Phi}(0) = \boldsymbol{I}$,式中 $\boldsymbol{I}$ 为单位矩阵。基础矩阵 $\boldsymbol{\Phi}$ 可采用 Hsu 法计算,其特征值为 Floquet 乘子 μ_f,可用于分析周期性系统平衡位置的稳定性。当所有 Floquet 乘子的模都小于 1,系统平衡位置稳定;当有一个 Floquet 乘子的模等于 1,系统平衡位置临界稳定;当有一个 Floquet 乘子的模大于 1,系统平衡位置不稳定。

3.3.2.2　结果及分析

　　拉杆 Jeffcott 转子如图 3-105 所示,转子的几何物理参数见表 3-25。

表 3-25　拉杆 Jeffcott 转子的几何物理参数

参数	数值
拉杆数量 N_{rod}	6
拉杆直径 d_{rod}/mm	12
拉杆节圆半径 r_p/mm	107.5
轮盘接触环面外径 R_{11}/mm	135
轮盘接触环面内径 R_{12}/mm	120
材料密度 ρ/(kg/m³)	7870
材料弹性模量 E/GPa	206
阻尼比 ξ	0.02,0.05,0.06
拉杆总预紧力 F_{pre}/kN	137
轮盘接触界面单位面积的法向刚度 k_n/(N/m³)	1.0×10^{13}
转子质量 m/kg	665.84

　　根据上节方法计算得到拉杆 Jeffcott 转子接触界面的弯曲刚度,然后可得不同响应幅值下的横向刚度 k_ζ(见图 3-110)及其减小量(见图 3-111),可见在接触界面分

离后(对应于响应幅值大于 0.44 mm 时)k_ξ 快速下降,并在响应幅值大于约 1.2 mm 后略微减小。无量纲载荷系数 γ_{11} 和第 2 章中的弯曲刚度无量纲系数定义相同。

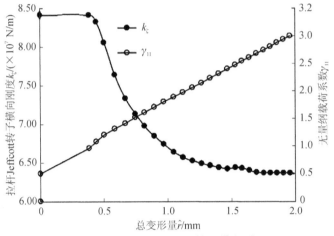

图 3 - 110　拉杆 Jeffcott 转子横向刚度

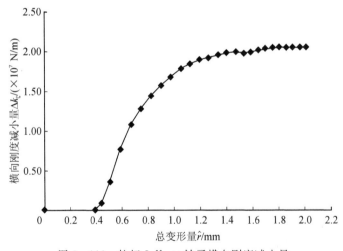

图 3 - 111　拉杆 Jeffcott 转子横向刚度减小量

经计算得到该拉杆 Jeffcott 转子的振动有两种类型(见图 3 - 112):

1. 振动类型 A

如图 3 - 112(a)所示,响应以 1 阶正进动 1X 为主,其余 6 阶响应幅值非常小,如图 3 - 112(b)所示,所以进动的轨迹为圆形。如图 3 - 112(a)所示的 1X 响应幅值曲线,在升速过程中(转速比率 $\omega_0 = \Omega/\omega_{n0}$,$\omega_{n0}$ 为拉杆 Jeffcott 转子在接触界面分离前的固有频率),转子的响应幅值随转速的增加沿曲线 AB 增加,当增加到 B 点后,进一步增加转速会使得响应幅值向上突跳到 C 点,然后振动开始进入不稳定区(如图 3 - 112(a)中虚线区域),直到转速增加到 D 点以后,振动恢复稳定,并随转速的增加而下降。而在降速过程中,1X 响应幅值随转速下降而降低到 D 点,然后振动开始进入不稳定区(如图 3-112(a)中虚线区域),当转速降低到 E 点后振动恢复稳定,响应幅值沿曲线 EF 随转速降低而增加到峰值,然后下降到 F 点,进一步降低转速会使得响应幅值向下突跳到 A 点。可见转子系统的状态取决于其运行参数和运行过程,且会在扰动的影响下从一个状态变化到另外一个状态。

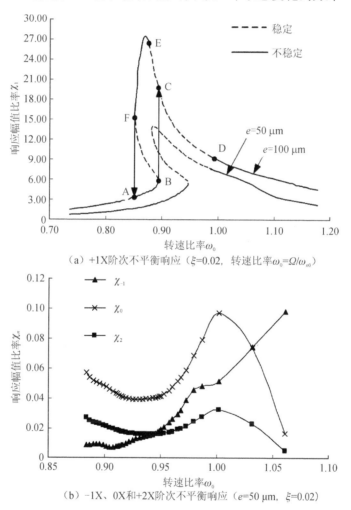

(a) +1X 阶次不平衡响应($\xi=0.02$, 转速比率 $\omega_0=\Omega/\omega_{n0}$)

(b) -1X、0X 和+2X 阶次不平衡响应 ($e=50$ μm, $\xi=0.02$)

图 3-112　拉杆 Jeffcott 转子振动类型 A 的不平衡响应($\chi_n=|\Delta\hat{r}_n|/\hat{r}_s$, $\hat{r}_s=0.0791$ mm)

如图 3-113 所示,Isa 等人[4]在拉杆 Jeffcott 转子的升速实验中观察到了响应幅值向上突跳的现象,并与采用双线性刚度的数值分析结果吻合。他们为了在实验中保证转子轮盘分离使得转子刚度为非线性,在转子轮盘上施加了足够大的质量不平衡量。

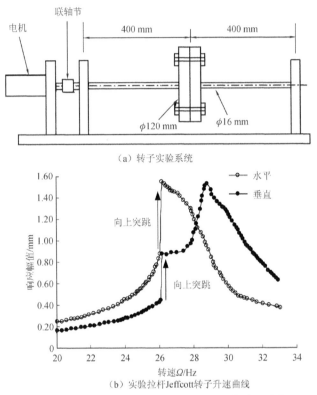

（a）转子实验系统

（b）实验拉杆Jeffcott转子升速曲线

图 3-113　实验拉杆 Jeffcott 转子系统及其升速曲线

　　图 3-114 为阻尼比和响应幅值对 A 类振动稳定性的影响，不稳定区的转速范围随阻尼比的减小而增加且当阻尼比降低为 0 时，不稳定区的转速范围增加为

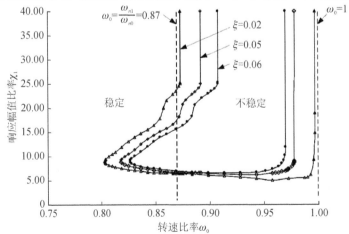

图 3-114　阻尼比对拉杆 Jeffcott 转子振动类型 A 的稳定性影响

$\omega_{n0} \leqslant \Omega \leqslant \omega_{n1}$,其与具有非对称刚度转子的非稳定区转速范围类似[5],其对应的转速比范围为 $0.87 \leqslant \omega_0 \leqslant 1.0$,其中转速比 $\omega_0 = \Omega/\omega_{n0}$,$\omega_{n0}$ 和 ω_{n1} 分别为拉杆 Jeffcott 转子在接触界面分离前和分离后($\Delta k_{\xi} = 2.05 \times 10^7$ N/m)的固有频率。在不稳定转速范围内,响应幅值小于稳定界限值(Floquet 乘子的模等于 1 时的响应幅值)时为稳定区,大于稳定界限值时为非稳定区,稳定界限值随阻尼比的减小而减小。

2. 振动类型 B

如图 3-115(a)所示,在转速比率 ω_0 为 1.0 附近,响应以 1 阶正进动 1X 和反进动-1X 为主,其余 5 阶响应幅值非常小,如图 3-115(b)所示,所以进动的轨迹为椭

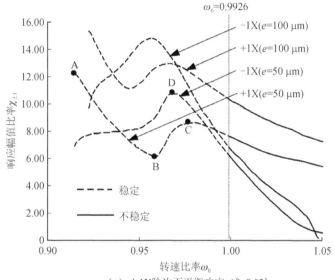

（a）±1X阶次不平衡响应（ξ=0.02）

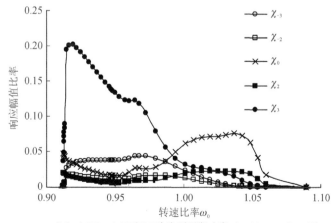

（b）±3X、±2X和0X阶次不平衡响应（e=50 μm,ξ=0.02）

图 3-115　拉杆 Jeffcott 转子振动类型 B 的不平衡响应

圆形。在如图 3-115(a)所示的阴影区域的转速范围内($|\mu_f|_m < 1$，$\omega_0 < 0.9926$)的振动是不稳定的,振动类型 B 的稳定性分析结果如图 3-116 所示,振动类型 B 的不稳定区转速范围与振动类型 A 相同,而其在不稳定转速范围内的稳定性界限值由 1X 阶和－1X 阶的响应幅值共同确定。

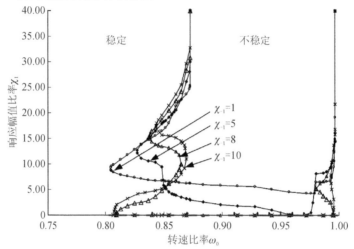

图 3-116　拉杆 Jeffcott 转子振动类型 B 的稳定性($\xi = 0.02$)

振动类型 B 较为复杂,正反进动±1X 同时存在的原因可由 $\Delta\hat{r}_{-1}$ 和 $\Delta\hat{r}_{+1}$ 的表达式分析,由式(3-75)并注意到±1X 阶响应幅值远大于其他阶响应幅值,可得

$$E_{-1}\Delta\hat{r}_{-1} - \frac{1}{4}(a_0\Delta\hat{r}_{-1} + 2a_2\Delta\hat{r}_{+1}) = \frac{a_1 + a_3}{4}x_s \tag{3-100}$$

$$E_{+1}\Delta\hat{r}_{+1} - \frac{1}{4}(2a_2\Delta\hat{r}_{-1} + 2a_0\Delta\hat{r}_{+1}) = \frac{a_1}{2}x_s + me\,\Omega^2 e^{i\alpha} \tag{3-101}$$

由式(3-100)和式(3-101)可解得 $\Delta\hat{r}_{-1}$ 和 $\Delta\hat{r}_{+1}$ 分别为

$$\Delta\hat{r}_{-1} = \frac{\left(\dfrac{a_1}{2}x_s + me\,\Omega^2 e^{i\alpha}\right)a_2 + \left(E_{+1} - \dfrac{a_0}{2}\right)\dfrac{a_1 + a_3}{2}x_s}{2\left(E_{+1} - \dfrac{a_0}{2}\right)\left(E_{-1} - \dfrac{a_0}{4}\right) - \dfrac{a_2^2}{2}} \tag{3-102}$$

$$\Delta\hat{r}_{+1} = \frac{\dfrac{a_1}{2}x_s + me\,\Omega^2 e^{i\alpha}}{E_{+1} - \dfrac{a_0}{2} - \dfrac{a_2^2}{4E_{-1} - a_0}} \tag{3-103}$$

由式(3-102)可知当转子横向刚度减小值 Δk_ζ 的傅里叶级数的系数 a_1、a_2 或 a_3 不为 0,则存在 1 阶反进动响应－1X。例如,当 $e = 50\mu m$，$\omega_0 = 1.0$，$\xi = 0.02$,振动类型 B 的轨迹为如图 3-117(a)的椭圆,则转子在一个旋转周期内的横向刚度减小值 Δk_ζ 如图 3-117(b)所示为时变量,其前 3 阶傅里叶级数的系数值分别为 $a_0 = 2.04 \times 10^7$ N/m,

$a_1 = 1.99 \times 10^6$ N/m，$a_2 = 9.84 \times 10^6$ N/m 和 $a_3 = -1.33 \times 10^6$ N/m。

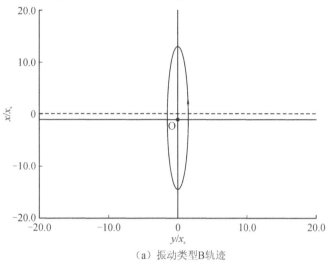

（a）振动类型B轨迹

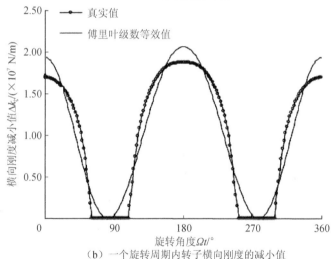

（b）一个旋转周期内转子横向刚度的减小值

图 3 - 117　拉杆 Jeffcott 转子振动类型 B 的轨迹图及其转子横向刚度的
减小值（$e = 50\mu$m，$\omega_0 = 1.0$，$\xi = 0.02$）

振动类型 B 的响应曲线形状可用 $\Delta \hat{r}_{-1}$ 和 $\Delta \hat{r}_{+1}$ 的动刚度 k_D^{-1} 和 k_D^{+1} 解释，由
式（3 - 102）和式（3 - 103）可得

$$k_D^{-1} = \frac{2}{a_2}\left(E_{+1} - \frac{a_0}{2}\right)\left(E_{-1} - \frac{a_0}{4}\right) - \frac{a_2}{2} \tag{3 - 104}$$

$$k_D^{+1} = E_{+1} - \frac{a_0}{2} - \frac{a_2^2}{4E_{-1} - a_0} \tag{3 - 105}$$

当 $e=50\mu\mathrm{m}$，$\xi=0.02$ 时，动刚度 k_{D}^{-1} 和 k_{D}^{+1} 的模 $|k_{\mathrm{D}}^{-1}|$ 和 $|k_{\mathrm{D}}^{+1}|$ 如图 3-118 所示，如图 3-115(a)所示的振动峰值 A、C 和 D 点对应图 3-118 的 A、C 和 D 点，而如图 3-115(a)所示的反共振点 B 点对应图 3-118 的 B 点。

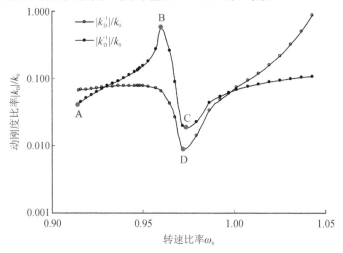

图 3-118　拉杆 Jeffcott 转子动刚度的模（$e=50\mu\mathrm{m}$，$\xi=0.02$）

由上述分析可见，拉杆转子在接触界面发生分离故障时有典型的非线性特性，其最为显著的特征是转子响应幅值在升降速过程中的突跳和滞后现象，并可以此特征作为其典型的故障特征，从而能在运行时定性地判断故障类型。

3.3.3　拉杆转子简化模型的非线性响应分析[6]

本节主要使用简化过后的拉杆转子分析的三次方刚度模型，并在此基础之上研究模型参数对转子动力学特性的影响。将如图 3-119 所示的两轮盘拉杆转子分别简化为质量为 m_1、m_2 的刚性圆盘，两盘质量偏心量取相同值且均用 e 表示，偏心量矢量夹角为 θ。将拉杆和接触面等效为不计质量的弯曲弹簧，其回复力用 $F(x)$ 表示。轮盘两端分别与不计质量的弹性轴相连，两盘横向刚度分别为 k_1、k_2。左、右端轴和弯曲弹簧的阻尼系数分别表示为 c_1、c_2、c_3。该模型中单个轮盘的位

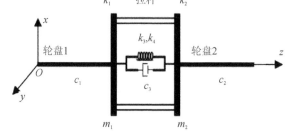

图 3-119　拉杆转子简化模型的示意图

移矢量表示为

$$\boldsymbol{q}_i = \begin{bmatrix} x_i & y_i \end{bmatrix}^{\mathrm{T}} \tag{3-106}$$

式中，x 和 y 为单个轮盘的两个自由度，其方向如图 3-119 所示。

根据达朗贝尔原理建立该系统运动方程：

$$m_1\ddot{x}_1 + c_1\dot{x}_1 + c_3(\dot{x}_1 - \dot{x}_2) + k_1 x_1 + F(x_1 - x_2) = m_1 e\Omega^2\cos(\Omega t)$$
$$m_2\ddot{x}_2 + c_2\dot{x}_2 - c_3(\dot{x}_1 - \dot{x}_2) + k_2 x_2 - F(x_1 - x_2) = m_2 e\Omega^2\cos(\Omega t + \theta)$$
$$m_1\ddot{y}_1 + c_1\dot{y}_1 + c_3(\dot{y}_1 - \dot{y}_2) + k_1 y_1 + F(y_1 - y_2) = m_1 e\Omega^2\sin(\Omega t)$$
$$m_2\ddot{y}_2 + c_2\dot{y}_2 - c_3(\dot{y}_1 - \dot{y}_2) + k_2 y_2 - F(y_1 - y_2) = m_2 e\Omega^2\sin(\Omega t + \theta)$$
$$\tag{3-107}$$

式中，Ω 为转子角速度，单位为 rad/s；$F(x_1 - x_2)$ 表示非线性回复力。

记 $\boldsymbol{X} = \begin{bmatrix} x_1, & x_2, & y_1, & y_2 \end{bmatrix}^{\mathrm{T}}$，将上式写成矩阵形式：

$$\boldsymbol{M\ddot{X}} + \boldsymbol{C\dot{X}} + \boldsymbol{KX} = \boldsymbol{f}(t, \boldsymbol{X}) \tag{3-108}$$

式中，

$$\boldsymbol{M} = \begin{bmatrix} m_1 & & & \\ & m_2 & & \\ & & m_1 & \\ & & & m_2 \end{bmatrix}, \boldsymbol{K} = \begin{bmatrix} k_1 & & & \\ & k_2 & & \\ & & k_1 & \\ & & & k_2 \end{bmatrix}$$

$$\boldsymbol{f}(t, \boldsymbol{X}) = e\Omega^2 \begin{bmatrix} m_1\cos(\Omega t) \\ m_2\cos(\Omega t + \theta) \\ m_1\sin(\Omega t) \\ m_2\sin(\Omega t + \theta) \end{bmatrix} + \begin{bmatrix} -F(x_1 - x_2) \\ F(x_1 - x_2) \\ -F(y_1 - y_2) \\ F(y_1 - y_2) \end{bmatrix}$$

由三维有限元计算结果（见图 3-110）可以看出，随着接触段载荷的增加，拉杆和接触面的等效横向刚度呈非线性变化，其变化趋势可以用三次多项式函数拟合，将回复力表示为

$$F(x) = k_3 x - k_4 x^3 \tag{3-109}$$

其中，k_3 表示接触段的线性刚度，k_4 表示轮盘横向刚度非线性减小。

3.3.3.1　简化拉杆转子模型的动力学方程

由于动力学方程在 x 和 y 方向无耦合，因此只研究 x 方向的振动。

令 $\tau = \Omega t$，$x_3 = x_1 - x_2$，$k_1 = \beta_2 k_2 = \beta_3 k_3 = \beta_4 k_4$。将式（3-108）改写为无量纲形式：

$$r''_2 + r''_3 + \frac{2\xi_1}{\lambda}(r'_2 + r'_3) + \frac{2\xi_3}{\lambda}r'_3 + \frac{1}{\lambda^2}(r_2 + r_3) + \frac{\beta_3}{\lambda^2}r_3 - \frac{\beta_k}{\lambda^2}r_3^3 = \cos\tau$$
$$\tag{3-110}$$

$$r''_2 + \frac{2\xi_2}{\alpha\lambda}r'_2 - \frac{2\xi_3}{\alpha\lambda}r'_3 + \frac{\beta_2}{\alpha\lambda^2}r_2 - \frac{\beta_3}{\alpha\lambda^2}r_3 + \frac{\beta_k}{\alpha\lambda^2}r_3^3 = \cos(\tau + \theta)$$

式中，$r' = \mathrm{d}r/\mathrm{d}\tau$，$r'' = \mathrm{d}^2 r/\mathrm{d}\tau^2$；

$r_k = x_k/e \ (k=1,2,3)$ 表示无量纲幅值；

$\alpha = m_2/m_1$ 表示轮盘质量比；

$\omega_1 = (k_1/m_1)^{0.5}$ 表示轮盘 1 的固有圆频率；

$\xi_k = c_k/(2m_1\omega_1) \ (i=1,2,3)$ 表示无量纲阻尼系数；

$\lambda = \Omega/\omega_1$ 表示转速比；

$\beta_k = e^2\beta_4$ 表示非线性刚度与线性刚度的比值，定义为非线性刚度占比。

利用谐波平衡法近似求解上述微分方程组，动态响应形式解表示为

$$r_k = \sum_{n=-\infty}^{+\infty} r_{kn} e^{in\Omega t}, \quad k=2,3 \qquad (3-111)$$

式中，r_{kn} 为 r_k 的第 n 次谐波的幅值。由于高阶谐波的幅值极小，因此忽略三阶以上谐波。将式（3-111）带入式（3-110），得到微分方程组对应的代数方程组：

$$f(\boldsymbol{r}) = \begin{cases} f_1(r_{11}, r_{12}, \cdots, r_{16}, r_{21}, r_{22}, \cdots, r_{26}) = 0 \\ f_2(r_{11}, r_{12}, \cdots, r_{16}, r_{21}, r_{22}, \cdots, r_{26}) = 0 \\ \vdots \\ f_{13}(r_{11}, r_{12}, \cdots, r_{16}, r_{21}, r_{22}, \cdots, r_{26}) = 0 \end{cases} \qquad (3-112)$$

利用迭代算法求解上式即可得到微分方程组的近似解，r_{ij} 代表第 i 个轮盘的 j 阶谐波幅值。

3.3.3.2 计算结果与分析

1. 转子升速和降速曲线

取表 3-26 中对照组参数（其余参数取定值为：$\alpha=0.75$，$\beta_2=1$，$\beta_3=1$，$\beta_4=5\times 10^5 \ m^{-2}$），绘制轮盘质心 x 方向的无量纲相对幅值 r 随转子相对转速 λ 的变化曲线（见图 3-120）。

表 3-26　简化拉杆转子非线性系统的参数取值

组别	组号	轮盘偏心夹角 $\theta/°$	偏心量 $e/\mu m$	阻尼系数 $\xi/10^3$
对照组	1	90	10	5.7
对比 e 组	2	90	11	5.7
	3	90	12	5.7
	4	90	13	5.7
对比 θ 组	5	60	10	5.7
	6	70	10	5.7
	7	80	10	5.7
对比 ξ 组	8	90	10	6.0
	9	90	10	6.3
	10	90	10	6.6

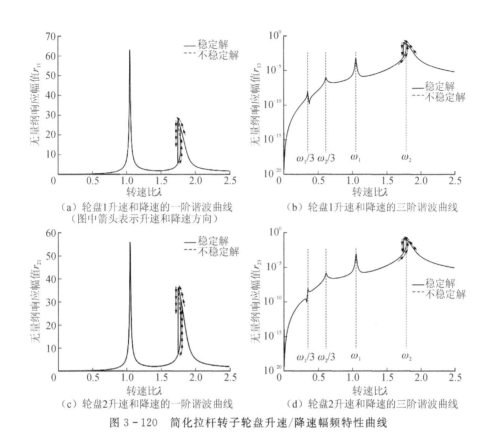

（a）轮盘1升速和降速的一阶谐波曲线
（图中箭头表示升速和降速方向）

（b）轮盘1升速和降速的三阶谐波曲线

（c）轮盘2升速和降速的一阶谐波曲线

（d）轮盘2升速和降速的三阶谐波曲线

图 3-120　简化拉杆转子轮盘升速/降速幅频特性曲线

图 3-120 所示为轮盘 1 和 2 的无量纲幅频曲线（一阶、三阶谐波）。对比可知，两轮盘一阶和三阶的幅频响应曲线随转速变化趋势相同，即升、降速过程均发生幅值突跳现象（图中箭头所示），但三阶谐波幅值很小。无量纲幅频曲线在 $\lambda < 1$ 时，三阶谐波曲线的两个共振峰，分别对应一阶、二阶固有频率的 1/3 次谐波。次谐波的出现表明三次方刚度模型受到非线性刚度项的影响，表现出与线性模型不同的振动响应特性。由一阶、三阶谐波曲线均可以观察到振幅"突跳"现象，但升速和降速曲线发生突跳的位置不同。原因在于动力学方程中的非线性项，使同一转速下的方程存在多解。根据解的稳定性判断方法[7]，方程的解可分为稳定解和不稳定解。不稳定解不能长期存在，因此随着系统参数的变化，无量纲幅值作为微分方程组的解从单解区域进入不稳定区域（同样也是多解区域）时，会发生从一个稳定解"突跳"至另一个稳定解的行为。由于系统控制方程只在特定的频率范围存在多解区域；在模拟升速或者降速时，由于进入多解区域时对应的频率不同，使得振幅"突跳"时的位置不同。

比较 $\beta_4 = 0$（即无非线性刚度项）与 $\beta_4 = 5 \times 10^5 \ \mathrm{m}^{-2}$ 时轮盘 1 的一阶谐波曲线

可知(见图3-121),非线性刚度使得转子二阶共振转速发生了明显的变化,但一阶共振转速的变化相对不大。

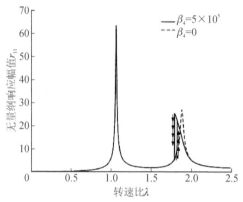

图3-121 简化拉杆转子轮盘1的一阶谐波对比曲线

2. 结构参数对振动特性的影响

为分析系统响应出现的振幅"突跳"现象,有必要研究系统参数对响应曲线的影响。分别比较偏心量 e、轮盘偏心夹角 θ 和无量纲阻尼系数 ξ 在不同取值下(见表3-26)所对应的升速幅频响应曲线(对比结果如图3-122所示,计算中其余参数取定值: $\beta_2 = \beta_3 = 1$, $\beta_4 = 5 \times 10^5$ m^{-2})。考虑到左右轮盘振动规律类似,非线性现象主要发生在系统二阶固有频率处,且二阶、三阶谐波相比一阶谐波幅值过小,因此只绘制轮盘1的一阶谐波在其第二阶共振频率附近的图像。

结果表明,增加偏心量 e 或两轮盘间轮盘偏心夹角 θ,减小无量纲阻尼系数 ξ 都会使得第二阶共振峰向左方倾斜,并使多解存在的范围扩大。

为方便分析,利用轮盘2的响应曲线研究质量比 α 变化对系统响应的影响,计算参数取值见表3-27,其余参数取定值为 $\theta = 90°$, $\beta_2 = \beta_3 = 1$。从图3-123中可以看出,增加质量比会使转子系统的第一阶、第二阶固有频率减小。轮盘2的第一阶无量纲共振幅值随质量比增加而增大,轮盘1对应无量纲幅频曲线由于篇幅所限未作展示,但其共振时无量纲幅值的变化规律与轮盘2相反,第一阶无量纲共振幅值随质量比增加而减小。

表3-27 在不同质量比 α 条件下简化拉杆转子的参数取值

组号 i	质量比 α	偏心量 e/μm	阻尼系数 $\xi/(\times 10^{-3})$	非线性刚度占比 $\beta_k/(\times 10^5$ m$^{-2})$
1	0.45	10	5.7	5
2	0.60	10	5.7	5
3	0.70	10	5.7	5
4	0.90	10	5.7	5

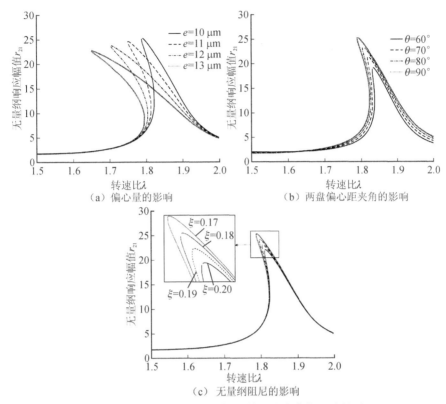

（a）偏心量的影响

（b）两盘偏心距夹角的影响

（c）无量纲阻尼的影响

图 3-122　简化拉杆转子不同参数对响应曲线影响的对比

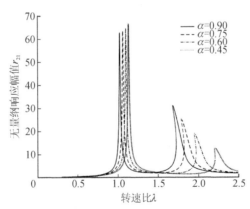

图 3-123　简化拉杆转子不同质量比时轮盘 2 的幅频响应曲线

为对比非线性刚度占比 β_k 对振动的影响,取表 3-28 中参数(其余参数取定值为 $\alpha=0.75,\beta_2=\beta_3=1,\xi=5.7\times10^{-3}$),绘制取不同参数组合时轮盘 1 的解响应曲线。从图 3-124 中观察到第二阶共振峰随着非线性刚度占比的增加向左倾斜。但第一阶共振峰几乎未发生改变,这是因为当两轮盘位移差 x_3 较小时,非线性项 $k_4 x_3^3$ 极小,非线性刚度项几乎不影响整体刚度;随着 x_3 增加,$k_4 x_3^3$ 增加极快,并且在第二阶临界转速附近取得最大值。此时刚度变化表现出强非线性。

表 3 - 28　简化拉杆转子对比不同非线性刚度占比 β_k 的参数取值

组号 i	质量比 α	轮盘偏心夹角 $\theta/°$	偏心量 $e/\mu\text{m}$	非线性刚度占比 $\beta_k/(\times 10^5)$
1	0.75	90	10	5
2	0.75	90	10	10
3	0.75	90	10	15
4	0.75	90	10	20

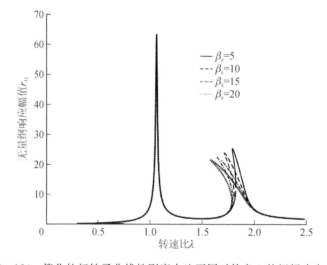

图 3 - 124　简化拉杆转子非线性刚度占比不同时轮盘 1 的幅频响应曲线

共振峰的偏移使系统存在多解的频率范围扩大,进而使振幅不稳定区域扩大。减小轮盘偏心量,两盘偏心量夹角和非线性刚度占比,或者增加无量纲阻尼,均能缩减"双稳态"的存在区域;而改变两轮盘之间的质量比,则能够改变振幅"突跳"发生的位置。

3. 结构参数影响分析

结构参数对系统响应的影响结果可以从对能量和非线性刚度影响作用强弱的角度进行分析:

(1)增加偏心量 e 相当于增加非线性刚度占比 β_k,同时具有减小拉杆刚度的作用。随着偏心量增加,非线性刚度影响增大但总刚度减小,因此轮盘 1 的响应曲线不稳定区域(即解的双稳态区域)变大,第二阶固有频率减小;

（2）增加不平衡量夹角会使两轮盘的位移差（即 $r_1 - r_2$）增大，进而使得非线性刚度 $k_4(r_1 - r_2)^3$ 增大，使轮盘 1 二阶固有频率处解存在的双稳态区域扩大；

（3）在外部输入能量不变的情况下，增加无量纲阻尼系数 ξ 使系统在一个周期内被阻尼消耗的能量增加，因而系统响应幅值减小；

（4）由无量纲方程式（3-110）知，增加质量比 α 相当于减小轮盘 2 的阻尼和刚度。因此解曲线的振幅增加而各阶固有频率减小。

3.4 拉杆转子的故障识别

3.4.1 拉杆转子故障状态下的响应分析

拉杆转子系统若采用有限元方法模化，就便于采用奇偶方程法对转子系统故障进行定量诊断。奇偶方程法通过建立与实际转子系统并列的冗余分析模型，并比较两者的输出信号以识别实际转子系统的故障。故障识别的有效性取决于实际转子系统测试数据的准确性和转子系统有限元模型的精度。本节在对拉杆转子模型修正的基础上对转子系统的支承参数进行修正，并识别转子的初始激振力参数，得到转子系统的冗余分析模型，然后利用该冗余分析模型识别转子系统可能发生的故障。

转子系统有限元模型的动力学方程为

$$(\boldsymbol{M}_R + \boldsymbol{M}_S)\ddot{\boldsymbol{q}} + (\boldsymbol{C}_R + \boldsymbol{G}_R + \boldsymbol{C}_S)\dot{\boldsymbol{q}} + (\boldsymbol{K}_R + \boldsymbol{K}_S)\boldsymbol{q} = \boldsymbol{F} \qquad (3-113)$$

式中，$\boldsymbol{M}$ 为质量矩阵；$\boldsymbol{C}$ 为阻尼矩阵；$\boldsymbol{G}$ 为陀螺效应矩阵；$\boldsymbol{K}$ 为刚度矩阵；$\boldsymbol{q}$ 为转子系统的总响应向量；$\boldsymbol{F}$ 为转子系统的总激励向量；下标 R 和 S 分别表示转子本体和支承。

$\boldsymbol{q}$ 和 $\boldsymbol{F}$ 可表示为

$$\boldsymbol{q} = \boldsymbol{q}_0 + \Delta\boldsymbol{q} \qquad (3-114)$$

$$\boldsymbol{F} = \boldsymbol{F}_0 + \Delta\boldsymbol{F} \qquad (3-115)$$

式中，$\boldsymbol{q}_0$ 为正常转子系统的响应向量；$\Delta\boldsymbol{q}$ 为故障转子系统与正常转子系统响应向量的差值（即为与转子系统故障等效的附加激励向量产生的位移向量）；$\boldsymbol{F}_0$ 为正常转子系统的激励向量；$\Delta\boldsymbol{F}$ 为故障转子系统与正常转子系统激励向量的差值（即为与转子系统故障等效的附加激励向量）。将式（3-114）和式（3-115）代入式（3-113）可得

$$(\boldsymbol{M}_R + \boldsymbol{M}_S)(\ddot{\boldsymbol{q}}_0 + \Delta\ddot{\boldsymbol{q}}) + (\boldsymbol{C}_R + \boldsymbol{G}_R + \boldsymbol{C}_S)(\dot{\boldsymbol{q}}_0 + \Delta\dot{\boldsymbol{q}}) +$$
$$(\boldsymbol{K}_R + \boldsymbol{K}_S)(\boldsymbol{q}_0 + \Delta\boldsymbol{q}) = \boldsymbol{F}_0 + \Delta\boldsymbol{F} \qquad (3-116)$$

正常转子系统的动力学方程为

$$(M_R + M_S)\ddot{q}_0 + (C_R + G_R + C_S)\dot{q}_0 + (K_R + K_S)q_0 = F_0 \quad (3-117)$$

由式(3-116)和式(3-117)可得

$$(M_R + M_S)\Delta\ddot{q} + (C_R + G_R + C_S)\Delta\dot{q} + (K_R + K_S)\Delta q = \Delta F \quad (3-118)$$

式中，M_R、G_R 和 K_R 由修正过的转子本体有限元模型得到；C_S、M_S、C_R 和 K_S 由修正过的转子系统模型得到；而 q 和 q_0 由测试得到，代入式(3-118)可求得 Δq，所以式(3-118)中仅 ΔF 未知。Δq 和 ΔF 可分别表示为傅里叶级数形式

$$\Delta q = \sum_{n=1}^{n_f} \Delta\hat{q}_n e^{in\Omega t} \quad (3-119)$$

$$\Delta F = \sum_{n=1}^{n_f} \Delta\hat{F}_n e^{in\Omega t} \quad (3-120)$$

式中，n_f 为傅里叶级数的最高阶数；Ω 为转速。将式(3-119)和式(3-120)代入式(3-118)可得其在频域内的表达式为

$$E(\Omega)_n \Delta\hat{q}_n = \Delta\hat{F}_n, \quad n = 1, 2, 3\cdots, n_f \quad (3-121)$$

式中，E_n 为系统动刚度矩阵，可表示为

$$E(\Omega)_n = -(n\Omega)^2(M_R + M_S) + in\Omega(C_R + G_R + C_S) + (K_R + K_S)$$
$$(3-122)$$

由式(3-121)可得响应幅值 $\Delta\hat{q}_n$ 为

$$\Delta\hat{q}_n = E(\Omega)_n^{-1}\Delta\hat{F}_n, \quad n = 1, 2, 3\cdots, n_f \quad (3-123)$$

由式(3-123)可知，当给定 $\Delta\hat{F}_n$ 便可计算出响应幅值 $\Delta\hat{q}_n$，而当 $\Delta\hat{q}_n$ 与测试得到的响应幅值 $\Delta\tilde{q}_n$ 误差最小时，$\Delta\hat{F}_n$ 便是需要识别的由故障产生的等效激励。为了量化误差，定义残差指标 ε_2 为

$$\varepsilon_2 = \sqrt{\frac{\sum_{n=1}^{n_f} (\Delta\hat{q}_n - \Delta\tilde{q}_n)^{*T}(\Delta\hat{q}_n - \Delta\tilde{q}_n)}{\sum_{n=1}^{n_f} \Delta\tilde{q}_n^{*T}\Delta\tilde{q}_n}} \quad (3-124)$$

所以识别故障产生的激励 $\Delta\hat{F}_n$ 只需求解式(3-124)所示的优化问题，其可以用最小二乘方法求解[8]：

$$f_{obj} = \min\{\varepsilon_2\} \quad (3-125)$$

3.4.2　转子初始激励和支承参数识别

上述故障状态下的响应分析依赖于准确的转子系统模型，而构建准确的拉杆转子模型需要对转子系统的参数进行识别和修正。转子系统的待修正参数包括转子的支承参数，而在修正支承参数的同时需要识别初始的激振力参数（如初始质量不平衡和转子弯曲）。

支承参数由轴承油膜参数和轴承座参数组成,其中轴承油膜参数一般采用线性化的刚度和阻尼参数表示,而轴承座参数可用刚度参数、阻尼参数和参振质量表示。

1. 初始质量不平衡的偏心量激励识别

初始质量不平衡的偏心量沿轴向是一条空间曲线,难以直接求得,而可将偏心量曲线分解为各阶正则振型的叠加,在转子梁单元有限元模型中质量偏心量可写为向量形式:

$$e = \sum_{j=1}^{\infty} C_j \, \boldsymbol{\psi}_j = \boldsymbol{\psi} \, \boldsymbol{C} \tag{3-126}$$

式中 $\boldsymbol{e} = \begin{pmatrix} e_1 \mathrm{e}^{\mathrm{i}\alpha_{u1}} & e_2 \mathrm{e}^{\mathrm{i}\alpha_{u2}} & \cdots & e_{n_{node}} \mathrm{e}^{\mathrm{i}\alpha_{un_{node}}} \end{pmatrix}$,$C_j$ 为第 j 阶正则振型 ψ_j 的系数(其为复数形式),$\boldsymbol{\psi} = \begin{bmatrix} \psi_1 & \psi_2 & \cdots & \psi_j \end{bmatrix}^{\mathrm{T}}$ 为正则振型矩阵,$\boldsymbol{C} = \begin{bmatrix} C_1 & C_2 & \cdots & C_j \end{bmatrix}^{\mathrm{T}}$,则转子的质量不平衡量产生的激振力向量可写为

$$\boldsymbol{F}_{\mathrm{u}} = \Omega^2 \boldsymbol{M} \boldsymbol{e} \, \mathrm{e}^{\mathrm{i}\Omega t} = \Omega^2 \boldsymbol{M} \boldsymbol{\psi} \boldsymbol{C} \mathrm{e}^{\mathrm{i}\Omega t} \tag{3-127}$$

由于转子模型的节点数 n_{node} 远大于转子的测点数,所以不能识别出转子所有节点的质量不平衡量,而可通过模态叠加法用少量离散的质量不平衡量等效所有节点的质量不平衡量。由式(3-127)可得转子各节点质量不平衡量在主坐标下产生的激振力向量为

$$\hat{\boldsymbol{F}}_{\mathrm{u}} = \boldsymbol{\psi}^{\mathrm{T}} \boldsymbol{F}_{\mathrm{u}} = \boldsymbol{\psi}^{\mathrm{T}} \boldsymbol{M} \boldsymbol{\psi} \boldsymbol{C} \Omega^2 \, \mathrm{e}^{\mathrm{i}\Omega t} \tag{3-128}$$

由于 $\boldsymbol{\psi}^{\mathrm{T}} \boldsymbol{M} \boldsymbol{\psi} = \boldsymbol{I}$,$\boldsymbol{I}$ 为单位矩阵,所以式(3-128)可写为

$$\hat{\boldsymbol{F}}_{\mathrm{u}} = \boldsymbol{C} \Omega^2 \, \mathrm{e}^{\mathrm{i}\Omega t} \tag{3-129}$$

而少量离散的质量不平衡量在主坐标下产生的激振力向量为

$$\hat{\boldsymbol{F}}_{\mathrm{u}} = \boldsymbol{\psi}^{\mathrm{T}} \boldsymbol{F}_{\mathrm{u}} = \begin{bmatrix} \psi_1 & \cdots & \psi_j & \cdots \end{bmatrix}^{\mathrm{T}} \boldsymbol{U} \Omega^2 \, \mathrm{e}^{\mathrm{i}\Omega t} = \mathrm{e}^{\mathrm{i}\Omega t} \begin{bmatrix} \Omega^2 \sum\limits_{n=1}^{n_{node}} U_n \psi_1^n \\ \vdots \\ \Omega^2 \sum\limits_{n=1}^{n_{node}} U_n \psi_j^n \\ \vdots \end{bmatrix} \tag{3-130}$$

由式(3-130)和式(3-129)可得,少量离散的质量不平衡量与所有节点的质量不平衡量的前 j 阶主坐标下激振力相等的条件是

$$\begin{bmatrix} C_1 \\ \vdots \\ C_j \end{bmatrix} = \begin{bmatrix} \sum\limits_{n=1}^{n_{node}} U_n \psi_1^n \\ \vdots \\ \sum\limits_{n=1}^{n_{node}} U_n \psi_j^n \end{bmatrix} \tag{3-131}$$

假定少量离散的质量不平衡量分布在 m 个节点 $(n_1, n_2, \cdots, n_m)$ 上,则

$$
\begin{bmatrix} C_1 \\ \vdots \\ C_j \end{bmatrix} = \begin{bmatrix} U_{n_1} \boldsymbol{\psi}_1^{n_1} + U_{n_2} \boldsymbol{\psi}_1^{n_2} + \cdots + U_{n_m} \boldsymbol{\psi}_1^{n_m} \\ \vdots \\ U_{n_1} \boldsymbol{\psi}_j^{n_1} + U_{n_2} \boldsymbol{\psi}_j^{n_2} + \cdots + U_{n_m} \boldsymbol{\psi}_j^{n_m} \end{bmatrix} \tag{3-132}
$$

上式可改写为

$$
\begin{bmatrix} \boldsymbol{\psi}_1^{n_1} & \boldsymbol{\psi}_1^{n_2} & \cdots & \boldsymbol{\psi}_1^{n_m} \\ \boldsymbol{\psi}_2^{n_1} & \boldsymbol{\psi}_2^{n_2} & \cdots & \boldsymbol{\psi}_2^{n_m} \\ \vdots & \vdots & \ddots & \vdots \\ \boldsymbol{\psi}_j^{n_1} & \boldsymbol{\psi}_j^{n_2} & \cdots & \boldsymbol{\psi}_j^{n_m} \end{bmatrix} \begin{bmatrix} U_{n_1} \\ U_{n_2} \\ \vdots \\ U_{n_m} \end{bmatrix} = \begin{bmatrix} C_1 \\ C_2 \\ \vdots \\ C_j \end{bmatrix} \tag{3-133}
$$

由于转子系统沿轴向仅有 2 处截面布有振动位移测点,所以测试数据最多能识别出主坐标下的前 2 阶质量不平衡力 $\hat{F}_u^1$ 和 $\hat{F}_u^2$(即可求出 C_1 和 C_2),而根据式 (3-133) 可求得离散的不平衡量,可见对于沿转子轴向仅有 2 处振动位移测点时应选取 2 处离散的不平衡量作为需要修正的参数。值得注意的是,在上面的分析中均采用复模态振型和频率,其分量形式将在识别初始弯曲激励时予以介绍。

2. 初始弯曲的激励识别

与分析质量不平衡激励时的方法相同,这里首先将转子的弯曲量看成是各个模态振型的叠加,转子的弯曲量产生的激振力向量可写为

$$
\boldsymbol{F}_b = \boldsymbol{K}_r \boldsymbol{\delta}_b \mathrm{e}^{\mathrm{i}\Omega t} \tag{3-134}
$$

式中,$\boldsymbol{\delta}_b$ 为转子弯曲向量,其可写为

$$
\boldsymbol{\delta}_b = (\boldsymbol{\delta}_{b\eta} + \mathrm{i}\boldsymbol{\delta}_{b\zeta}) \tag{3-135}
$$

式中,$\boldsymbol{\delta}_{b\eta}$ 和 $\boldsymbol{\delta}_{b\zeta}$ 分别为 $\boldsymbol{\delta}_b$ 分解到动坐标系 η 和 ζ 方向的分量;$\boldsymbol{\delta}_b$ 可写为各阶正则模态振型的函数,即为

$$
\begin{aligned}
\boldsymbol{\delta}_b &= (c_{1\eta} \boldsymbol{\psi}_{1\eta} + \cdots + c_{j\eta} \boldsymbol{\psi}_{j\eta} + \cdots) + \mathrm{i}(c_{1\zeta} \boldsymbol{\psi}_{1\zeta} + \cdots + c_{j\zeta} \boldsymbol{\psi}_{j\zeta} + \cdots) \\
&= [\boldsymbol{\psi}_{1\eta} \quad \cdots \quad \boldsymbol{\psi}_{j\eta} \quad \cdots] \begin{bmatrix} c_{1\eta} \\ \vdots \\ c_{j\eta} \\ \vdots \end{bmatrix} + \mathrm{i}[\boldsymbol{\psi}_{1\zeta} \quad \cdots \quad \boldsymbol{\psi}_{j\zeta} \quad \cdots] \begin{bmatrix} c_{1\zeta} \\ \vdots \\ c_{j\zeta} \\ \vdots \end{bmatrix}
\end{aligned} \tag{3-136}
$$

式中,系数 $[c_{1\eta} \cdots c_{j\eta} \cdots]^{\mathrm{T}}$ 和 $[c_{1\zeta} \cdots c_{j\zeta} \cdots]^{\mathrm{T}}$ 可分别由式 (3-135) 和式 (3-136) 求得

$$
\begin{bmatrix} c_{1\eta} \\ \vdots \\ c_{j\eta} \\ \vdots \end{bmatrix} = \mathrm{pinv}([\boldsymbol{\psi}_{1\eta} \quad \cdots \quad \boldsymbol{\psi}_{j\eta} \quad \cdots]) \boldsymbol{\delta}_{b\eta} \tag{3-137}
$$

$$\begin{bmatrix} c_{1\zeta} \\ \vdots \\ c_{j\zeta} \\ \vdots \end{bmatrix} = \mathrm{pinv}\left(\begin{bmatrix} \boldsymbol{\psi}_{1\zeta} & \cdots & \boldsymbol{\psi}_{j\zeta} & \cdots \end{bmatrix} \right) \boldsymbol{\delta}_{b\zeta} \tag{3-138}$$

式中，pinv() 表示求矩阵 Moore-Penrose 广义逆的函数。

由式（3-134）和式（3-135）可得转子的弯曲量在主坐标下的激振力向量为

$$\hat{\boldsymbol{F}}_b = \hat{\boldsymbol{F}}_{b\eta} + \mathrm{i}\hat{\boldsymbol{F}}_{b\zeta} \tag{3-139}$$

式中，$\hat{\boldsymbol{F}}_{b\eta}$ 和 $\hat{\boldsymbol{F}}_{b\zeta}$ 分别为 $\hat{\boldsymbol{F}}_b$ 在动坐标系 η 和 ζ 方向的分量，可分别表示为

$$\begin{aligned}
\hat{\boldsymbol{F}}_{b\eta} &= \begin{bmatrix} \boldsymbol{\psi}_{1\eta} & \cdots & \boldsymbol{\psi}_{j\eta} & \cdots \end{bmatrix}^{\mathrm{T}} \boldsymbol{K}_r \begin{bmatrix} \boldsymbol{\psi}_{1\eta} & \cdots & \boldsymbol{\psi}_{j\eta} & \cdots \end{bmatrix} \begin{bmatrix} c_{1\eta} \\ \vdots \\ c_{j\eta} \\ \vdots \end{bmatrix} \mathrm{e}^{\mathrm{i}\Omega t} \\
&= \begin{bmatrix} \omega_{1\eta}^2 & & & \\ & \ddots & & \\ & & \omega_{j\eta}^2 & \\ & & & \ddots \end{bmatrix} \begin{bmatrix} c_{1\eta} \\ \vdots \\ c_{j\eta} \\ \vdots \end{bmatrix} \mathrm{e}^{\mathrm{i}\Omega t} = \begin{bmatrix} c_{1\eta}\omega_{1\eta}^2 \\ \vdots \\ c_{j\eta}\omega_{j\eta}^2 \\ \vdots \end{bmatrix} \mathrm{e}^{\mathrm{i}\Omega t} = \begin{bmatrix} \hat{F}_{b\eta}^1 \\ \vdots \\ \hat{F}_{b\eta}^j \\ \vdots \end{bmatrix}
\end{aligned} \tag{3-140}$$

$$\begin{aligned}
\hat{\boldsymbol{F}}_{b\zeta} &= \begin{bmatrix} \boldsymbol{\psi}_{1\zeta} & \cdots & \boldsymbol{\psi}_{j\zeta} & \cdots \end{bmatrix}^{\mathrm{T}} \boldsymbol{K}_r \begin{bmatrix} \boldsymbol{\psi}_{1\zeta} & \cdots & \boldsymbol{\psi}_{j\zeta} & \cdots \end{bmatrix} \begin{bmatrix} c_{1\zeta} \\ \vdots \\ c_{j\zeta} \\ \vdots \end{bmatrix} \mathrm{e}^{\mathrm{i}\Omega t} \\
&= \begin{bmatrix} \omega_{1\zeta}^2 & & & \\ & \ddots & & \\ & & \omega_{j\zeta}^2 & \\ & & & \ddots \end{bmatrix} \begin{bmatrix} c_{1\zeta} \\ \vdots \\ c_{j\zeta} \\ \vdots \end{bmatrix} \mathrm{e}^{\mathrm{i}\Omega t} = \begin{bmatrix} c_{1\zeta}\omega_{1\zeta}^2 \\ \vdots \\ c_{j\zeta}\omega_{j\zeta}^2 \\ \vdots \end{bmatrix} \mathrm{e}^{\mathrm{i}\Omega t} = \begin{bmatrix} \hat{F}_{b\zeta}^1 \\ \vdots \\ \hat{F}_{b\zeta}^j \\ \vdots \end{bmatrix}
\end{aligned} \tag{3-141}$$

由式（3-140）和式（3-141）可将式（3-139）表示为

$$\hat{\boldsymbol{F}}_b = \begin{bmatrix} \hat{F}_b^1 \\ \vdots \\ \hat{F}_b^j \\ \vdots \end{bmatrix} = \begin{bmatrix} \hat{F}_{b\eta}^1 + \mathrm{i}\hat{F}_{b\xi}^1 \\ \vdots \\ \hat{F}_{b\eta}^j + \mathrm{i}\hat{F}_{b\xi}^j \\ \vdots \end{bmatrix} \tag{3-142}$$

拉杆转子的激振力参数中的初始弯曲（由接触界面对中角度产生偏差等问题导致）可通过测试转子在低转速时的振动位移值识别，与识别不平衡质量时的方法相同，沿转子轴向仅有 2 处振动位移测点时应选取 2 处离散的弯矩载荷作为需要修正的参数。

3. 支承参数识别

如图 3-125 所示的拉杆转子系统,该系统可用各部件的动刚度矩阵的形式表示为

$$\boldsymbol{Z}_\text{R}\boldsymbol{q}_\text{R} = \boldsymbol{F}_\text{R} \tag{3-143}$$

$$\boldsymbol{Z}_\text{B}\boldsymbol{q}_\text{B} = \boldsymbol{F}_\text{B} \tag{3-144}$$

$$\boldsymbol{Z}_\text{F}\boldsymbol{q}_\text{F} = \boldsymbol{F}_\text{F} \tag{3-145}$$

式中,$\boldsymbol{Z}_\text{R}$、$\boldsymbol{Z}_\text{B}$ 和 $\boldsymbol{Z}_\text{F}$ 分别表示转子、轴承和轴承座的动刚度矩阵;$\boldsymbol{q}_\text{R}$、$\boldsymbol{q}_\text{B}$ 和 $\boldsymbol{q}_\text{F}$ 分别表示转子、轴承和轴承座的响应向量;$\boldsymbol{F}_\text{R}$、$\boldsymbol{F}_\text{B}$ 和 $\boldsymbol{F}_\text{F}$ 分别表示作用在转子、轴承和轴承座上的激励。

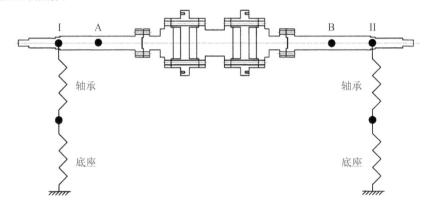

图 3-125　实验短拉杆转子-轴承-轴承座系统示意图

将转子的自由度分为内部自由度和连接自由度(和轴承连接的自由度),则式(3-143)可写为

$$\begin{bmatrix} \boldsymbol{Z}_{\text{R, II}} & \boldsymbol{Z}_{\text{R, IB}} \\ \boldsymbol{Z}_{\text{R, BI}} & \boldsymbol{Z}_{\text{R, BB}} \end{bmatrix} \begin{Bmatrix} \boldsymbol{q}_{\text{R, I}} \\ \boldsymbol{q}_{\text{R, B}} \end{Bmatrix} = \begin{Bmatrix} \boldsymbol{F}_{\text{R, I}} \\ -\boldsymbol{F}_{\text{R, B}} \end{Bmatrix} \tag{3-146}$$

式中,变量的下标 I 表示转子的内部自由度;B 表示与轴承连接的自由度。式(3-144)和式(3-145)可表示为

$$\begin{bmatrix} \boldsymbol{Z}_\text{B} & -\boldsymbol{Z}_\text{B} \\ -\boldsymbol{Z}_\text{B} & \boldsymbol{Z}_\text{B} \end{bmatrix} \begin{Bmatrix} \boldsymbol{q}_{\text{R, B}} \\ \boldsymbol{q}_{\text{F, B}} \end{Bmatrix} = \begin{Bmatrix} \boldsymbol{F}_{\text{F, B}} \\ -\boldsymbol{F}_{\text{F, B}} \end{Bmatrix} \tag{3-147}$$

$$\boldsymbol{Z}_\text{F}\boldsymbol{q}_{\text{F, B}} = \boldsymbol{F}_{\text{F, B}} \tag{3-148}$$

由式(3-146)至式(3-148)可得

$$\begin{bmatrix} \boldsymbol{Z}_{\text{R, II}} & \boldsymbol{Z}_{\text{R, IB}} & \boldsymbol{0} \\ \boldsymbol{Z}_{\text{R, BI}} & \boldsymbol{Z}_{\text{R, BB}} + \boldsymbol{Z}_\text{B} & -\boldsymbol{Z}_\text{B} \\ \boldsymbol{0} & -\boldsymbol{Z}_\text{B} & \boldsymbol{Z}_\text{B} + \boldsymbol{Z}_\text{F} \end{bmatrix} \begin{Bmatrix} \boldsymbol{q}_{\text{R, I}} \\ \boldsymbol{q}_{\text{R, B}} \\ \boldsymbol{q}_{\text{F, B}} \end{Bmatrix} = \begin{Bmatrix} \boldsymbol{F}_{\text{R, I}} \\ \boldsymbol{0} \\ \boldsymbol{0} \end{Bmatrix} \tag{3-149}$$

由式(3-149)可求得振动测试点的响应值,定义残差指标 ε_1 为

$$\varepsilon_1 = \left[\frac{(\tilde{\boldsymbol{q}} - \hat{\boldsymbol{q}})^{*\mathrm{T}} (\tilde{\boldsymbol{q}} - \hat{\boldsymbol{q}})}{\tilde{\boldsymbol{q}}^{*\mathrm{T}} \tilde{\boldsymbol{q}}} \right]^{1/2} \tag{3-150}$$

式中，$\tilde{\boldsymbol{q}}$ 为振动测试值向量；$\hat{\boldsymbol{q}}$ 为振动计算值向量；符号"$*$"和"T"表示求复数向量的共轭和转置。则拉杆转子系统修正的目标函数 f_{obj} 定义为

$$f_{\mathrm{obj}} = \min\{\varepsilon_1\} \tag{3-151}$$

该目标函数为单目标多变量的非线性优化问题，由于待修正的参数数量一般较大，可采用进化规划（Evolutionary Programming）算法[9]进行求解。该算法的求解过程包括初始群体的选择、突变、选择和终止准则。初始群体可包括 m 个个体，每个个体 X 代表一种待修正参数的组合，其包含 n 个分量，即 $X = (x_1, x_2, \cdots, x_i, \cdots, x_n)$，由突变产生的新个体可表示为

$$x_i' = x_i + N_i(0, \sigma_i) \tag{3-152}$$

式中，$N_i(0, \sigma_i)$ 表示针对第 i 个分量产生的服从正态分布的随机数；σ_i 为第 i 个分量的标准差。选择过程是通过计算每个个体的如式（3-150）所示的误差，选择误差最小的 m 个个体作为新的群体，并反复进行突变和选择过程直到满足终止条件。如果初始群体包含的待修正参数的初始值越准确，则后续的修正效率越高，所以采用下面的两步进行修正：

（1）给定待修正参数的初值：支承参数的初始值通过计算给出，而质量不平衡量的初始值通过参数识别的方法求得[10]（在参数识别中将初始支承参数作为已知量）。

（2）通过求解式（3-151）表示的单目标多变量的非线性优化问题，对支承参数和质量不平衡量进行修正。

3.4.3　实例

如图 3-126 所示的分两段预紧的短拉杆转子系统，沿转子轴向布置有 2 处（A 点和 B 点）水平和垂直方向的振动位移测点，轴承为双列调心球轴承（轴承型号 1211）。根据赫兹（Hertz）接触理论计算得到轴承的径向静刚度为 4.19×10^8 N/m，在修正拉杆转子系统时取该计算值为初值，由于转子系统运行转速低（3060 r/min），所以在工作转速内轴承刚度取为定值[11]。拉杆转子系统的轴承座在水平和垂直方向的静态刚度计算值分别为 5.20×10^8 N/m 和 2.65×10^9 N/m，由于轴承座在水平和垂直方向的 1 阶固有频率为 787 Hz 和 2781 Hz，远高于拉杆转子系统的最高运行转速 3060 r/min（61 Hz），所以在转子运行的转速范围内，轴承座水平和垂直方向的动刚度变化较小（约等于静态刚度），在修正拉杆转子系统时轴承座的动刚度取为定值，且其初值为计算得到的静态刚度。由于实验拉杆转子系统的滚动轴承的阻尼非常小（阻尼比约为 0.0004 到 0.004），而轴承座的阻尼无法通过计算估计，所以在修正中以阻尼比 ξ 来表征转子系统的阻尼，并取初值为 0.05。

图 3-126　短拉杆转子系统[12]

为了简化分析,将支承参数 $\mathbf{Z}_S$ 表示为轴承油膜和轴承座刚度的串联,则式(3-149)可简化为

$$
\begin{bmatrix} \mathbf{Z}_{R,II} & \mathbf{Z}_{R,IB} \\ \mathbf{Z}_{R,BI} & \mathbf{Z}_{R,BB} + \mathbf{Z}_S \end{bmatrix} \begin{bmatrix} \mathbf{q}_{R,I} \\ \mathbf{q}_{R,B} \end{bmatrix} = \begin{bmatrix} \mathbf{F}_{R,I} \\ \mathbf{0} \end{bmatrix} \tag{3-153}
$$

式中,$\mathbf{Z}_S = \mathrm{diag}(k_{xx1}, k_{yy1}, k_{xx2}, k_{yy2})$ 为 4 阶对角方阵,下标 xx 和 yy 表示水平和垂直方向;I 和 II 表示转子系统的支承位置(见图 3-126)。

综上所述,待修正参数为支承参数 $\mathbf{Z}_S$ 和阻尼比 ξ,其中 $\mathbf{Z}_S$ 初始值取为静态刚度的计算值,转子的初始弯曲和质量不平衡量的初值通过参数识别的方法求得。

A 点和 B 点在转子升速过程中的振动测试值如图 3-127 所示。首先以低转速时(200 ~600 r/min)的振动测试值为参考,采用进化规划算法识别转子的初始

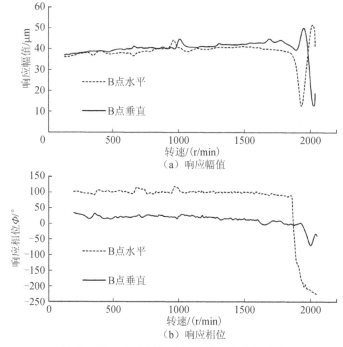

图 3-127　实验短拉杆转子系统响应测试值

弯曲。等效弯矩的初值分别位于轴向坐标(转子电机端轴端为坐标原点)0.8215 m
处和 0.9915 m 处,大小都是 100 kN·m,相位分别为 180°±90° 和 180°±90°(由于
在每一处的等效弯矩由一对大小相同、方向相反的弯矩组成,两处等效弯矩使得转
子的弯曲方向都为 180°)。图 3-128 为计算过程中残差 ε_1 随迭代次数 N_p 的变化
图,可见迭代 53 次后残差 ε_1 减小为 0.134,再增加迭代次数残差 ε_1 的减小就不显
著了,当迭代 1500 次后残差 ε_1 减小为 0.118,修正后的等效弯矩见表 3-29。以整
个升速过程中的振动测试值为参考,将支承参数、阻尼比和转子初始弯曲的初值作
为已知参数,识别转子质量不平衡量的初值。最后,采用进化规划算法对支承刚
度、阻尼比、转子初始弯曲和质量不平衡量的初始参数进行修正,修正前后的参数
值见表 3-29,而修正前后 A、B 点的振动计算值与测试值如图 3-129 至图 3-132
所示,可见经修正后的模型较初始模型更加精确。

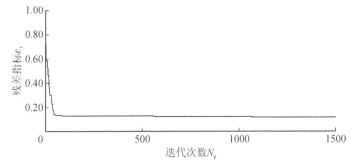

图 3-128　实验短拉杆转子初始弯曲识别迭代图

表 3-29　实验短拉杆转子系统的参数初始值和修正值

参数	修正前数值	修正后数值
支承刚度 k_{xx1}/(N/m)	2.32×10^8	6.12×10^7
支承刚度 k_{yy1}/(N/m)	3.62×10^8	3.48×10^8
支承刚度 k_{xx2}/(N/m)	2.32×10^8	6.61×10^7
支承刚度 k_{yy2}/(N/m)	3.62×10^8	3.59×10^8
阻尼比 ξ	0.0500	0.0169
质量不平衡量	轮盘 a 处:3.06 kg·cm(296.5°) 轮盘 b 处:0.06 kg·cm(185.2°)	轮盘 a 处:3.59 kg·cm(312.0°) 轮盘 b 处:1.22 kg·cm(186.7°)
初始弯曲	距电机端轴端 0.8215 m 处: 138 kN·m(173.5°±90°) 距电机端轴端 0.9915 m 处: 208 kN·m(79.9°±90°)	距电机端轴端 0.8215 m 处: 148 kN·m(178.1°±90°) 距电机端轴端 0.9915 m 处: 215 kN·m(79.4°±90°)

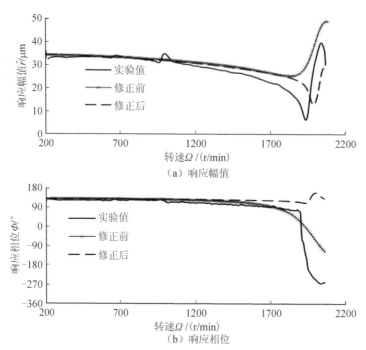

（a）响应幅值

（b）响应相位

图 3-129　实验短拉杆转子系统修正前后 A 点水平方向的响应值

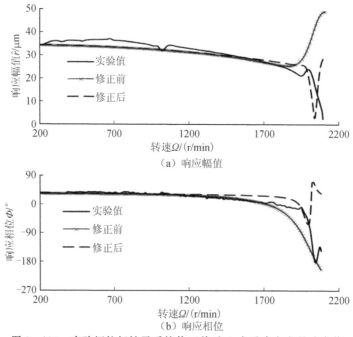

（a）响应幅值

（b）响应相位

图 3-130　实验短拉杆转子系统修正前后 A 点垂直方向的响应值

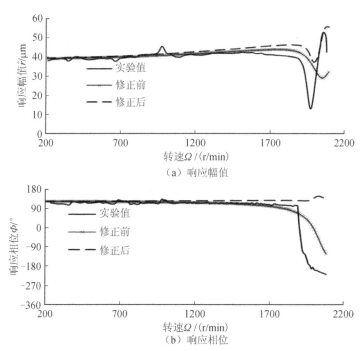

（a）响应幅值

（b）响应相位

图 3－131　实验短拉杆转子系统修正前后 B 点水平方向的响应值

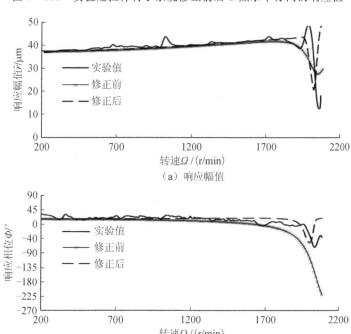

（a）响应幅值

（b）响应相位

图 3－132　实验短拉杆转子系统修正前后 B 点垂直方向的响应值

根据上述修正得到的拉杆转子系统模型,以拉杆转子出现松动故障为例说明其识别方法。拉杆松动故障可以等效为作用于转子本体的弯矩激励,由于弯矩激励为同步激励,式(3-123)和式(3-124)可分别简化为

$$\Delta \hat{\boldsymbol{q}}_1 = \boldsymbol{E} (\Omega)_1^{-1} \Delta \hat{\boldsymbol{F}}_1 \tag{3-154}$$

$$\varepsilon_2 = \left(\frac{(\Delta \tilde{\boldsymbol{q}}_1 - \Delta \hat{\boldsymbol{q}}_1)^{*\mathrm{T}} (\Delta \tilde{\boldsymbol{q}}_1 - \Delta \hat{\boldsymbol{q}}_1)}{\Delta \tilde{\boldsymbol{q}}_1^{*\mathrm{T}} \Delta \tilde{\boldsymbol{q}}_1} \right)^{1/2} \tag{3-155}$$

实验设计了 3 种拉杆松动故障工况。拉杆松动导致预紧力下降,通过测试松动前后碟形弹簧的变形量计算得到,单个拉杆初始预紧力为 25.4 kN,拉杆节圆半径为 90 mm,故障工况 1、2 和 3 分别为:轮盘段 b 处,相位为 10°、170° 和 90° 位置的拉杆预紧力分别从初值松动到 8.1 kN、0.5 kN 和 15.8 kN,减小的预紧力对应的弯矩分别为 1554.5 N·m,2245.4 N·m,和 863.6 N·m。选取稳定运行在 1800 r/min 时转子的振动测试数据为参考值,采用 3 种不同的转子系统有限元模型(模型 A、B、C)进行故障识别。其中,模型 A 为转子本体和支承参数都经过修正的转子系统有限元模型;模型 B 为仅转子本体经过修正的转子系统有限元模型;模型 C 为转子本体和支承系统均未修正的转子系统有限元模型。故障识别结果分别如表 3-30 至表 3-32 所示,从表中可以看到,当故障位置正确(轮盘段 b 处)时其残差相对位置错误(轮盘 a 处)较小,说明 3 种模型都能识别出拉杆松动的位置。而模型 A 识别的等效弯矩的误差 ε(定义见式 3-156)最小,未经过修正的模型 C 识别的等效弯矩的误差最大,说明经过修正的拉杆转子系统模型能更为精确地定量识别转子故障。

$$\varepsilon = \left(\frac{(\Delta \tilde{\boldsymbol{M}} - \Delta \hat{\boldsymbol{M}})^{*\mathrm{T}} (\Delta \tilde{\boldsymbol{M}} - \Delta \hat{\boldsymbol{M}})}{\Delta \tilde{\boldsymbol{M}}^{*\mathrm{T}} \Delta \hat{\boldsymbol{M}}} \right)^{1/2} \tag{3-156}$$

式中,$\Delta \tilde{\boldsymbol{M}}$ 和 $\Delta \hat{\boldsymbol{M}}$ 分别为真实的和识别所得的等效弯矩激励。

表 3-30　实验短拉杆转子系统故障 1 及其识别结果

模型号	故障 1 的真实值			故障识别值				
	位置	幅值/(N·m)	相位/°	位置	幅值/(N·m)	相位/°	残差 ε_2/%	误差 ε/%
模型 A	b	1555	10	a	1726	8.19	13.38	—
				b	1734	8.13	9.27	12.02
模型 B	b	1555	10	a	2317	25.87	18.87	—
				b	2330	25.72	15.62	60.04
模型 C	b	1555	10	a	8121	12.72	21.24	—
				b	8213	12.58	15.22	428.29

表 3 - 31　实验拉杆转子故障 2 及其识别结果

模型号	故障 2 的真实值			故障识别值				
	位置	幅值/(N·m)	相位/°	位置	幅值/(N·m)	相位/°	残差 ε_2/%	误差 ε/%
模型 A	b	2245	170	a	2259	185.77	13.32	—
				b	2266	185.72	10.67	27.49
模型 B	b	2245	170	a	3046	203.26	15.93	—
				b	3058	203.14	13.29	75.78
模型 C	b	2245	170	a	10685	190.12	18.13	—
				b	10771	189.99	13.15	387.31

表 3 - 32　实验拉杆转子故障 3 及其识别结果

模型号	故障 3 的真实值			故障识别值				
	位置	幅值/(N·m)	相位/°	位置	幅值/(N·m)	相位/°	残差 ε_2/%	误差 ε/%
模型 A	b	863	90	a	1008	107.96	19.55	—
				b	1015	107.78	15.70	37.86
模型 B	b	863	90	a	1358	125.01	21.87	—
				b	1369	124.66	17.91	95.23
模型 C	b	863	90	a	4752	111.89	24.41	—
				b	4835	111.45	16.29	468.61

　　本节研究了拉杆转子的故障识别方法,首先在转子本体有限元模型的基础上,利用转子系统升速过程中的振动测试数据对拉杆转子系统的支承参数、阻尼比和初始激励进行修正,然后采用奇偶方程法对拉杆转子系统的故障进行定量诊断。通过对一周向短拉杆转子的拉杆松动故障的识别实例研究表明,采用奇偶方程法可以对该故障进行准确的定量诊断,这说明在高精度的转子系统有限元模型的基础上,采用奇偶方程法可以对拉杆转子故障进行准确的定量识别。

参考文献

[1] 祁乃斌,袁奇,张宏涛,等.某型燃气-蒸汽联合循环机组轴系振动特性研究[J].汽轮机技术,2010,52(2):116-119.

[2] GAO J,YUAN Q,LI P. Nonlinear dynamics of the rod-fastened jeffcott rotor[J].Journal of vibration and acoustics-transactions of the ASME,2014,136(2):325-329.

[3] MENG G，GASCH R. Stability and stability degree of a cracked flexible rotor supported on journal bearings[J]. Journal of vibration and acoustics-transactions of the ASME，2000，122 (2)：116 – 125.

[4] ISA A M，PENNY J T，GARVEY S D，et al. The dynamics of bolted and laminated rotors ［C］//Proceedings of the Society of Photo-Optical Instrumentation Engineers，2000：867 – 872.

[5] KANG Y，SHIH Y P，LEE A C. Investigation on the steady-state responses of asymmetric rotors[J]. Journal of vibration and acoustics-transactions of the ASME，1992，114 (2)：194 – 208.

[6] 达琦，袁奇，李浦. 燃气轮机拉杆转子非线性动力学特性研究[J]. 西安交通大学学报，2019，53(5)：43 – 51.

[7] 闻邦椿，李以农，韩清凯. 非线性振动理论中的解析方法及工程应用[M]. 沈阳：东北大学出版社，2001：236 – 244.

[8] CHEN J，JIANG D X，LIU C. Identification of multi-concurrent fault in a steam turbine rotor system using model-based method[C]//Proceedings of ASME Turbo Expo 2013：Turbine Technical Conference and Exposition，San Antonio，Texas，USA，2013.

[9] BACHSCHMID N，PENNACCHI P，CHATTERTON S，et al. On Model Updating of Turbo-Generator Sets[J]. Journal of Vibroengineering，2009，11 (3)：379 – 391.

[10] EDWARDS S，LEES A W，FRISWELL M I. Experimental identification of excitation and support parameters of a flexible rotor-bearings-foundation system from a single run-down[J]. Journal of Sound and Vibration，2000，232 (5)：963 – 992.

[11] YUAN D，JIANG S Y. Analysis of dynamic characteristics of self-aligning ball bearing[J]. Journal of Southeast University (English Edition)，2010，26 (3)：410 – 414.

[12] 高进. 燃气轮机拉杆式转子动力特性及故障识别研究[D]. 西安：西安交通大学，2013.

第 **4** 章

燃气轮机拉杆转子装配参数优化和动平衡

4.1　转子平衡的基本概念

实际转子总是存在质量不平衡(简称不平衡),且通常是旋转机械的主要激励源,使转子在运转时产生附加的挠曲和应力,进而会引起设备的振动,影响运行安全,降低运行效率。造成转子不平衡的原因主要可归纳为以下几个方面:

(1)设计问题。转子几何形状设计不对称,使得重心不在旋转轴线上;转子配合面粗糙或配合公差不合适,从而产生晃动;转子上存在键槽等结构,形成局部质量空缺等。

(2)材料缺陷。铸件内部存在气孔,造成材料内部组织不均匀,厚薄不一致;焊接结构由于厚度不同而造成了质量不对称;此外有些材料本身性能较差,易于磨损,造成质量分布不均等。

(3)加工与装配误差。切削时的切削误差;焊接和浇铸时的造型误差;多级叶轮在装配时引起的累积误差;转子弯曲以及轴系不对中等。

为了改善这种状况,通常在转子制造完成时对其进行平衡,通过增减质量方法改变转子的质量分布,将不平衡的影响降低到许可范围内;对于组装转子,还需要对各部件进行单独平衡,优化装配步骤和方式,使零部件加工形成的形貌误差和质量偏差尽可能相互抵消。

4.1.1　静平衡和动平衡

4.1.1.1　静平衡

如果一个转子的不平衡产生的离心惯性力可以等效为过质心的合力,则称该转子为静不平衡转子。静不平衡(又称单平面不平衡)是不平衡的最简单形式,表现为一个旋转体的质量轴线与旋转轴线不重合,但是平行于旋转轴线。例如,一个含有两个同方向不平衡量的转子具有的不平衡即为静不平衡,如图 4-1(a)。对于具有静不平衡的转子,可以通过静平衡试验来进行平衡,其基本原理利用了任意不平衡物体在重力作用下静止时其质心总是处于最低位置。转子平衡之后,可以在任意位置静止不动,因此称为静平衡(又称单面平衡)。

4.1.1.2 动平衡

如果一个转子的不平衡产生的离心惯性力可以等效为一个力偶,则称该转子为偶不平衡转子。例如,一个含有两个相反方向不平衡量的转子具有的不平衡即为动不平衡,如图 4-1(b)。同时具有静不平衡和偶不平衡量的转子称为动不平衡转子,此时不平衡表现为一个旋转体的质量轴线与旋转轴线既不重合也不平行,如图 4-1(c)。对于动不平衡转子,平衡时必须要运转,因此称为动平衡。若转子为刚性转子,则需要在转子的两个校正面上同时进行校正平衡;若转子为挠性转子,则还需考虑转速带来的转子挠曲,分别在不同转速下进行动平衡。

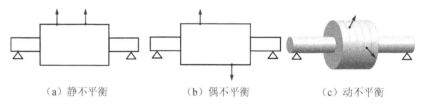

(a)静不平衡　　　　　　(b)偶不平衡　　　　　　(c)动不平衡

图 4-1　转子的不平衡形式

4.1.2　刚性转子和挠性转子

从平衡的角度出发,根据转子运行时的弯曲程度,通常将转子分为两类:刚性转子和挠性转子。具有不平衡的转子在运行时均会产生不平衡离心力,从而使转子发生弯曲。如果转子刚度较大,离心力引起的转子挠曲比较小,以致在转子工作和平衡的过程中可以忽略不计,则转子可视为刚性转子;相反,如果转子离心力使转子发生较大挠曲变形,则将转子视为挠性转子。从平衡的角度看,两类转子的平衡方式有很大差异,其中挠性转子由于在运转及平衡时发生了较大挠曲变形,其情况要复杂得多。

在工程上,通常将转速是否超过转子第一阶临界转速作为挠性转子和刚性转子的界限。在实际情况下,考虑到当转速高于 0.7 倍临界转速时,转子已经有明显的挠曲变形,其挠曲量约为转子的偏心量,因此也有人将 0.7 倍临界转速作为区分转子是挠性转子还是刚性转子的依据[1]。

此外,一些更严格的区分转子挠曲的方法可参考相关标准[2,3]。

4.1.3　轮盘制造误差及其测量

4.1.3.1　盘类部件的精度要求

盘类部件主要指涡轮盘、压气机盘、风扇盘等,是燃气轮机的重要部件,盘与轴、盘与盘、叶片、封严挡圈等,按一定的相互位置关系装配在一起,形成不同的转子。盘类部件按联接方式可分为轴盘联接和鼓盘联接[4]。在制造过程中,由于设备精度以及加工工艺的限制,实际加工后的盘类部件都会有一定的误差。为了保证误差在许可范围,通常会对加工后的盘类件有一定的精度要求。

盘类部件的加工精度可以分为尺寸精度、几何形状精度和相互位置精度。

尺寸精度指零件加工后的实际尺寸与公差带中心的符合程度。对于盘类部件,在盘与盘、盘与鼓筒、盘与轴等配合表面处一般尺寸精度要求较高。

几何形状精度包括盘的腹板型面直线度、端面基准的平面度以及型线的轮廓度等。

相互位置精度主要包括盘的端面平行度、垂直度以及同轴度等。

除上述精度要求之外,对盘类部件各表面的粗糙度也有一定的精度要求。

4.1.3.2　拉杆转子轮盘的加工误差及其测量

拉杆转子(包括中心拉杆和周向均布拉杆)是重型燃气轮机中一种常见的盘鼓组合式结构,由拉杆提供预紧力,并通过拉杆螺栓将多级盘鼓压紧而成。由于拉杆转子具有重量轻、热膨胀性和刚性好的优点,因此被广泛应用于燃气轮机和航空发动机[5]。

本节主要考虑拉杆转子盘鼓加工的端面平行度和圆周跳动度:前者导致实际的盘鼓接触面与设计状态下的接触面不一致,存在平行度偏差,装配过程中会使拉杆转子产生初始弯曲;后者在机组运行时会产生不平衡量,在转动时会产生离心激振力。在加工完成拉杆转子盘鼓之后,需要对端面平行度和圆周跳动度进行测量和评估。下面对其测量方法进行介绍。

1. 端面平行度的测量

如图 4-2 所示,将盘的基准表面 A 用块规支承在旋转平台上并调整与平台等高,将千分表垂直于待测表面 B,轮盘旋转一周过程中千分表度数最大差值为被测表面的圆周跳动值,即平面 B 相对 A 的平行度误差。

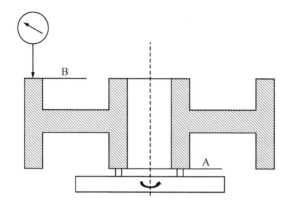

图 4-2 轮盘端面平行度的测量示意图

2. 圆周跳动度的测量

如图 4-3 所示,将轮盘端面 A 用块规支承在转台上,校正外圆基准面 C,使其旋转轴线与转台轴线共线。将千分表垂直于待测表面 B,在轮盘旋转一周过程中千分表度数的最大差值即为被测表面的圆周跳动值。

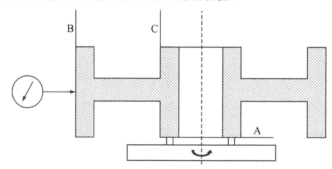

图 4-3 轮盘圆周跳动度的测量示意图

4.1.4 拉杆转子的初始弯曲和不平衡

4.1.4.1 转子初始弯曲

转子受到加工、装配误差或者停车后的热不平衡等因素影响发生了弯曲,使得转子在启动前就具有了一定的初始弯曲。转子弯曲在启动过程中与转子同步旋转,产生工频激振,引起转子系统的同步弯曲振动,在临界转速附近产生共振,导致振动故障发生甚至启动失败[6]。拉杆转子为典型的组装式结构,由多级轮盘装配而成。由前述介绍,轮盘端面由于加工精度会产生平行度偏差。当对多级轮盘进行装配时,由于误差的累积而使转子发生复杂的初始弯曲,如图 4-4 所示。

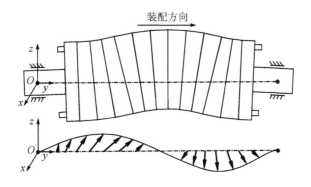

图 4-4　拉杆转子初始弯曲的示意图

4.1.4.2　转子不平衡

　　受到材料缺陷、加工误差等因素影响,拉杆转子轮盘具有一定的偏心质量,使得装配后的拉杆转子具有复杂的空间不平衡量分布,旋转时产生不平衡力及力矩,引发转子的进一步挠曲和内应力。同时,转子不平衡还是转子产生工频振动的主要原因,其振动响应特征与转子弯曲产生的振动响应特征相似,当转子振动增大时,往往难以分辨故障原因。

　　在实际工程中,单个轮盘的偏心可通过测量其圆周跳动来得到,偏心距等于圆周跳动的一半,如图 4-5 所示[7,8]:

$$\boldsymbol{u} = m \cdot \boldsymbol{e} = \frac{1}{2}m \cdot \boldsymbol{\delta} \qquad (4-1)$$

式中,m 为轮盘质量;$\boldsymbol{u}$ 为不平衡量;$\boldsymbol{\delta}$ 为轮盘的圆周跳动度;$\boldsymbol{e}$ 为偏心距。

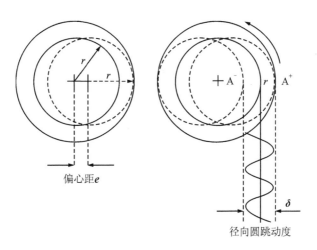

图 4-5　径向圆跳动度与偏心距的关系示意图

4.2　拉杆转子的平衡

　　重型燃气轮机拉杆转子由于结构复杂,平衡难度大大增加,且对平衡质量的要求也更高。在 ISO 5406[9] 介绍的"挠性转子的机械平衡"中,将这种有多个部件用拉杆拉紧的组合转子归属于 2C 类,指出这类转子在平衡时可采用对各个部件单独进行低速平衡以控制初始不平衡量的方法,也可采用直接组装成整体转子后再应用高速动平衡的方法,这两种方法都可以保证机组在现场平稳运行。

　　国外燃气轮机公司在对燃气轮机转子进行平衡时,广泛采用先低速平衡再高速平衡的方式,例如 GE 公司对其旗下的各种型号(6、7、8、B、E、F、H 系列)的燃气轮机都是采用低速动平衡,在组装前,分别对每个部件进行精确平衡来控制转子不平衡量的分布状态,我国哈汽厂在引进 GE 燃气轮机后对燃气轮机拉杆转子高速动平衡方法开展了探索试验[10];同时,国外的三菱、阿尔斯通等公司也已经针对燃气轮机转子开展了高速动平衡试验。

　　下面从燃气轮机轮盘平衡和转子平衡两方面介绍拉杆转子平衡方法。

4.2.1　轮盘的平衡

4.2.1.1　静平衡

　　轮盘的静平衡方法比较简单,如图 4-6 所示,将轮盘放在导轨或滚轮架上,让其自由滚动。由于重力的作用,质心总是趋于支点的下方,稳定之后在事先预留的轮盘去重带范围内对轮盘进行减重,再次滚动,如此反复直至轮盘能在任意位置保持静止。静平衡的精度与导轨或滚轮的摩擦有关,平衡只需在同一个去重面内去重,因此又称为单面平衡。

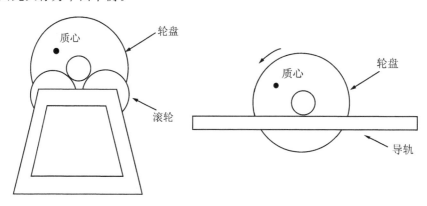

图 4-6　轮盘静平衡示意图

图 4-7 是滚轮式静平衡机及导轨实物图。

图 4-7　滚轮式静平衡机及导轨实物图

4.2.1.2　低速动平衡

有时为了达到更高的平衡精度,会对轮盘进行低速动平衡,转速一般不超过第一阶临界转速的 30%。平衡采用刚性转子的双平面动平衡方法,在任选的两个校正平面上校正不平衡量,将轮盘的动不平衡量减少到可接受的程度。

首先介绍单个不平衡力的分解。

如图 4-8 所示是一个单盘-轴系统,设转子旋转角速度为 ω,则不平衡力

$$\boldsymbol{F} = \boldsymbol{u} \cdot \omega^2 \tag{4-2}$$

该不平衡力 $\boldsymbol{F}$ 可以向两个垂直于轴线的平面分解成两个力,记为 $\boldsymbol{F}_1$ 和 $\boldsymbol{F}_r$,由力和力矩等效原理,可得

$$\begin{cases} \boldsymbol{F}_1 = \dfrac{l_2}{l_1 + l_2} \boldsymbol{F} \\[2mm] \boldsymbol{F}_r = \dfrac{l_1}{l_1 + l_2} \boldsymbol{F} \end{cases} \tag{4-3}$$

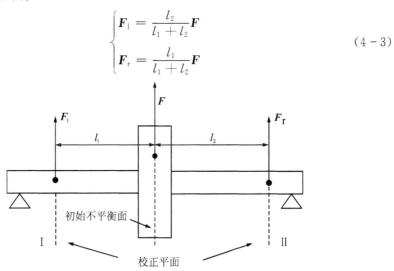

图 4-8　转子不平衡量及力分解示意图

类比单个不平衡力的分解,将各离心惯性力分解到上述两个平衡基面内,这样就把空间力系问题转化为平面力系问题,分别在两个平衡面内增重或去重使得离

心惯性力为零,轮盘得以平衡。由上可见,轮盘任意不平衡均可以通过任选两个校正平面进行平衡,因此刚性转子动平衡又称为双平面平衡。

实际上轮盘上不平衡量的分布未知,需要在平衡机上进行测试得到平衡质量的大小和方位。

4.2.2 转子的平衡

将预先平衡后的各级轮盘进行装配,对得到的拉杆转子再进行低速或高速动平衡。转子的低速动平衡与轮盘的低速动平衡类似,一般平衡转速低于第一阶临界转速的30%,此时不考虑转子旋转时的挠曲变形;当工作转速超过一阶临界转速时,则需考虑转子的挠度,此时转子的平衡状态随着转速而变化。理论上,只有当整个转子的不平衡量为零,转子才可以在任意转速下达到平衡。然而对实际转子进行校正时,考虑到转子的结构等因素,只能在若干个平面内进行校正,使得校正后的转子在一个或几个平衡转速下达到平衡。

挠性转子的动平衡方法可以分为两类:振型平衡法和影响系数法。下面分别对这两种方法进行介绍。

4.2.2.1 振型平衡法

挠性转子振型平衡法是一种相对比较简便又不失精度的平衡方法。下面主要对振型平衡法的原理和具体实施步骤进行介绍。

转子在不平衡力作用下的动挠度是一条空间曲线,是由转子各阶振型在空间的矢量叠加的,实际的转子不平衡量沿转子也表现为连续的空间分布。根据模态振型的完备性理论,挠性转子的任意不平衡可以按转子各阶振型展开,如图 4 - 9

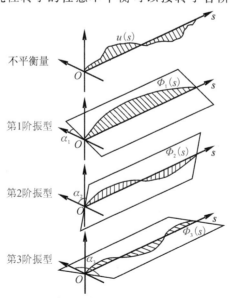

图 4 - 9 转子挠曲变形按振型的分解示意图

所示,具体展开过程可参考文献[11]。

由于主振型的正交性,某一阶的不平衡分量只能激起该阶的转子振型,鉴于此,只要能测得某一阶振型下的响应,即可得到该振型对应的不平衡量分布。根据转子的临界振动特征,当转子的转速接近某一阶临界转速时,转子的振型将主要表现为该阶主振型,可以近似地将该阶振型看作转子的动挠度。根据这一特点,在应用振型平衡法对转子平衡时,必须在接近临界转速时进行,以便更好地对单一主振型进行分离;然而,根据振动理论,临界转速附近转子的振动幅值和相位均对转速非常敏感,难以得到稳定的读数,在实际操作时,常取临界转速的 $80\%\sim90\%$ 为平衡转速。此外,由于阻尼的存在,不平衡量与对应阶次的振型量之间有一定的相位差,当系统阻尼较大时,平衡有效性降低。

振型平衡法根据平衡面与平衡振型阶数的数量关系可分为 N 平面振型平衡法和 $N+2$ 平面振型平衡法。前者平衡面数量与待平衡振型阶数相同,后者考虑到转子刚性振型的平衡,平衡面数量比待平衡振型数多 2。N 平面振型平衡法由于其平衡步骤和振动测试工作均较为简单,国内各制造厂和现场基本都采用这种方法,其平衡原理可由下式表示:

$$\begin{cases} \varphi_1(p_1)B_1 + \varphi_1(p_2)B_2 + \cdots + \varphi_1(p_N)B_N = -\Phi_1 \\ \varphi_2(p_1)B_1 + \varphi_2(p_2)B_2 + \cdots + \varphi_2(p_N)B_N = -\Phi_2 \\ \quad\cdots \\ \varphi_N(p_1)B_1 + \varphi_N(p_2)B_2 + \cdots + \varphi_N(p_N)B_N = -\Phi_N \end{cases} \quad (4-4)$$

式中,$\varphi_i(p_j)$、$\Phi_i(i,j=1,\cdots,N)$ 分别为第 j 个平衡面在第 i 阶振型处的相对模态值和第 i 阶振型对应的不平衡量;$B_i(i=1,\cdots,N)$ 为在第 i 个平衡面处的校正不平衡量。

采用 N 平面振型平衡法进行平衡时,转速由低到高,逐阶进行平衡。其操作步骤简单介绍如下[12]:

(1)将转子安装到与现场情况相同的支承上;

(2)转子升速至一阶临界转速附近的安全转速时,记录下轴承所产生振动的大小及相位;

(3)为确定所需的校正荷重数,加一试验荷重,其大小以便于读数为原则,校正面位置一般选在最大挠曲处(例如中央位置),以使其对一阶振型的作用效果最大,在与步骤(2)有相同的转速时记录下两个轴承(或轴颈)处的振动值(幅值与相位);

(4)将步骤(2)和(3)的读数按矢量运算法,确定出校正面上应加的校正荷重大小和相位,加上校正荷重,直到转子在一阶临界转速下平稳运转为止;

(5)继续将转子升速到二阶临界转速附近的安全转速时,记录下两个轴承(或

轴颈)处的振动值;

(6)在转子上加一对反向试重,其位置最好选在第二阶振型幅值最大处,其大小和相位必须不影响第一阶振型的平衡,在与步骤(5)有同样的转速时,记录下两个轴承(或轴颈)处的振动值;

(7)按矢量运算,由步骤(5)及(6)的读数算出应加的两个校正荷重位置及大小,经这样平衡后,转子可以在不超过二阶临界转速时,都平衡运行;

(8)按上述相同步骤,平衡到所需的阶数为止。若有必要,可在最高工作转速时,再平衡一次。

4.2.2.2　影响系数法

前面介绍了刚性转子的双平面平衡法,对于刚性转子,在一个转速下平衡后则在其他转速下也是平衡的;对于挠性转子,由于动挠度的影响,改变转速后原有的平衡会被打破。因此,为了保证转子在多个转速下平衡,在两平面平衡的基础上,通过增加平衡面数目对多个转速进行平衡。

影响系数法实际上利用了线性系统中校正量与所测量之间的线性关系,即通过影响系数来对转子进行平衡。在一定的旋转角速度 ω 下,转子在位置 i 处的振动变化量 ΔA_i 与在 j 处的不平衡量变化量 ΔU_j 存在以下关系:

$$\Delta A_i = a_{ij}(\omega)\Delta U_j \tag{4-5}$$

其中 $a_{ij}(\omega)$ 为在旋转角速度 ω 下的影响系数,表示转子上 j 点处的不平衡量与 i 点处振动的关系。

假设需要对 M 个转速进行平衡,转子上选取 N 个校正平面,P 个振动测点,则通过上述方法得到的影响系数共有 $M \times N \times P$ 个,将所有影响系数排成($M \times N$)行 P 列的影响系数矩阵:

$$S = \begin{bmatrix} a_{11}^1 & a_{12}^1 & \cdots & a_{1P}^1 \\ a_{21}^1 & a_{22}^1 & \cdots & a_{2P}^1 \\ \vdots & \vdots & & \vdots \\ a_{M1}^1 & a_{M2}^1 & \cdots & a_{MP}^1 \\ a_{11}^2 & a_{12}^2 & \cdots & a_{1P}^2 \\ a_{21}^2 & a_{22}^2 & \cdots & a_{2P}^2 \\ \vdots & \vdots & & \vdots \\ a_{M1}^2 & a_{M2}^2 & \cdots & a_{MP}^2 \\ \vdots & \vdots & & \vdots \\ a_{M1}^N & a_{M2}^N & \cdots & a_{MP}^N \end{bmatrix} \tag{4-6}$$

假设测得的 P 个测点在 M 个转速下的振动值为 $V_0(p, m)$，其中 $p=1, 2, \cdots, P$；$m=1, 2, \cdots, M$，则使振动值为 0 所需的 N 个校正平面的校正量可通过下式得到。

$$\boldsymbol{S} = \begin{bmatrix} \boldsymbol{U}_1 \\ \boldsymbol{U}_2 \\ \vdots \\ \boldsymbol{U}_N \end{bmatrix} = -\begin{bmatrix} \boldsymbol{V}_{0, 11} \\ \boldsymbol{V}_{0, 21} \\ \vdots \\ \boldsymbol{V}_{0, P1} \\ \boldsymbol{V}_{0, 12} \\ \boldsymbol{V}_{0, 22} \\ \vdots \\ \boldsymbol{V}_{0, P2} \\ \vdots \\ \boldsymbol{V}_{0, PM} \end{bmatrix} \qquad (4-7)$$

上式共有 $P \times M$ 个方程，N 个未知数，其解有下面三种情况：

（1）$P \times M = N$，此时方程数等于未知数个数，方程组有唯一解，所选取的平衡面正好可以使所有测点处振动平衡；

（2）$P \times M < N$，此时方程数小于未知数个数，方程组冗余，即所选取的平衡面过多。此时需要去掉一些平衡面；

（3）$P \times M > N$，此时方程数大于未知数个数，方程组不存在唯一解，即所选的平衡面不足以将所有测点处的振动平衡。此时需要放弃一些测点的平衡。此外，还可以采用最小二乘法使得所有测点处的平均平衡效果最佳。

4.2.3　算例

现以一个已知振型曲线的转子为例[13]，采用 N 平面平衡法对其前三阶振型进行平衡，转子及前三阶振型如图 4-10 所示。

前三阶振型分别记为 φ_1、φ_2、φ_3，三个平衡面位置处对应的前三阶模态值如表 4-1 所示。

表 4-1　各平衡面处的前三阶模态值

振型	平衡面		
	1	2	3
φ_1	+0.65	+1.00	+0.47
φ_2	+0.90	−0.04	−0.75
φ_3	+0.98	−0.98	+0.94

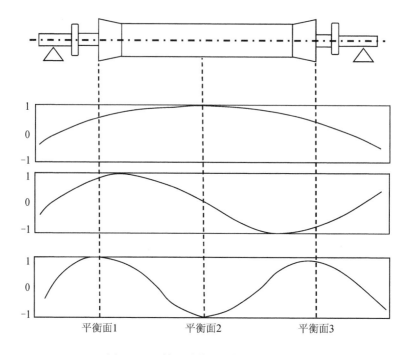

图 4 - 10　转子及前三阶振型的示意图

前三阶不平衡量记为 Φ_1、Φ_2、Φ_3，根据式(4 - 4)，则有

$$\begin{cases} +0.65B_1 + 1.00B_2 + 0.47B_3 = -\Phi_1 \\ +0.90B_1 - 0.04B_2 - 0.75B_3 = -\Phi_2 \\ +0.98B_1 - 0.98B_2 + 0.94B_3 = -\Phi_3 \end{cases} \tag{4 - 8}$$

令 $\Phi_2 = \Phi_3 = 0$，带入上式可解出平衡第一阶振型而不破坏第二、三阶振型的各不平衡面处的校正不平衡量；同理，可分别解出平衡第二、三阶振型所需的校正不平衡量。计算结果如表4 - 2所示。

表 4 - 2　平衡各阶振型所需的校正不平衡量

平衡面	平衡第一阶振型	平衡第二阶振型	平衡第三阶振型
1	$-0.31\Phi_1$	$-0.56\Phi_2$	$-0.29\Phi_3$
2	$-0.64\Phi_1$	$0.06\Phi_2$	$0.37\Phi_3$
3	$-0.34\Phi_1$	$0.65\Phi_2$	$-0.37\Phi_3$

4.3　拉杆转子装配参数优化

4.3.1　基于初始弯曲的拉杆转子装配参数优化

4.3.1.1　轮盘平行度偏差与拉杆转子初始弯曲的空间分布[14]

拉杆转子为典型的组合式结构,由多级轮盘组装而成。前文已介绍,由于加工精度的限制,拉杆转子轮盘的两侧端面存在一定的平行度偏差。平行度偏差的大小在装配前通过对轮盘测量得到,其值通常在微米级别,远小于轮盘本身的尺寸。然而,对于含有多级轮盘(例如,重型燃气轮机压气机转子)的拉杆转子,由于偏差的累积,组合后的转子会产生复杂的空间弯曲,如图 4 – 11 所示。此外,由于组合式结构的特点,装配时任一轮盘的调整均会影响整个转子的初始弯曲分布。

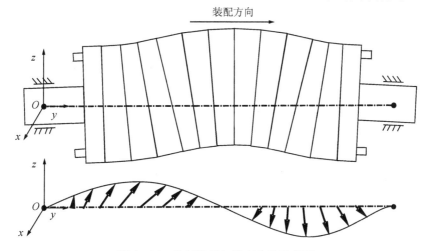

图 4 – 11　拉杆转子初始弯曲的示意图

下面将针对平面接触的拉杆转子初始弯曲进行定量分析,为此,首先介绍相邻轮盘间的坐标变换过程。忽略两侧端面平面度对轮盘平行度的影响,图 4 – 12 为带有平行度偏差的轮盘参数示意图,以轮盘最窄处为相位 0 点,装配视图方向逆时针为正,其中轮盘直径为 d,轮盘左右两侧端面偏角分别为 θ_1、θ_2,圆心分别为 O_1 和 O_2,轮盘最大和最小宽度分别为 $w_{\max}$、$w_{\min}$,轮盘侧面中心连线长度为 w,则平行度偏差可表示为

$$\varepsilon = w_{\max} - w_{\min} \tag{4-9}$$

对于已加工完成的轮盘,其几何参数及平行度偏差为定值,可通过相应的测量得到,所有轮盘按照一定的相位角进行装配形成转子主体,其初始弯曲的空间分布

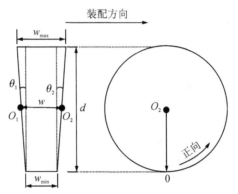

图 4-12　具有平行度偏差的轮盘及其参数示意图

仅取决于各级轮盘本身的参数和装配相位角。基于上述分析,采用坐标变换法来得到任意装配相位角下拉杆转子初始弯曲的空间分布。为此,首先介绍相邻两轮盘间的坐标变换过程。

　　图 4-13 为简化后的拉杆转子示意图,转子由 n 级轮盘和两侧的轴端通过周向均布拉杆紧固而成。初始状态下,各级轮盘的相位 0 点在同一条直线上,以此为基础,通过调节各级轮盘的相位角可得到任意相位角下的拉杆转子。以第 i 和 $i+1$ 两级相邻轮盘为例,介绍相邻两轮盘间的坐标变换过程。假设装配后两轮盘的相对位置如图 4-13 所示,其中 β_i 和 β_{i+1} 分别为第 i 和 $i+1$ 两级轮盘的装配相位

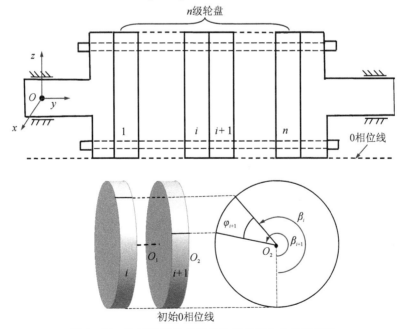

图 4-13　拉杆转子及相邻轮盘相对相位角的示意图

角,φ_{i+1} 为第 $i+1$ 级轮盘相对第 i 级轮盘的相对装配角,即 $\varphi_{i+1}=\beta_{i+1}-\beta_i$。

设第 i 级轮盘直径为 d_i,其左、右端面中心分别为 $O_{i,1}$、$O_{i,2}$,端面偏角分别为 $\theta_{i,1}$ 和 $\theta_{i,2}$,第 $i+1$ 级轮盘相对于第 i 级轮盘的相位角为 φ_i。以第 i 级轮盘左端面中心 $O_{i,1}$ 为原点,端面法线方向为 y 轴,端面圆心与轮盘最宽处连接作为 z 轴,垂直于 yOz 平面为 x 轴方向建立空间直角坐标系 $O_{i,1}xyz$,如图 4-14 所示。令 $\theta_i=\theta_{i,1}+\theta_{i,2}$,选取空间上任一点 $P_{i,0}(x_i^0,\ y_i^0,\ z_i^0)$,其在相邻轮盘间的坐标变换可以通过以下 3 个步骤进行:

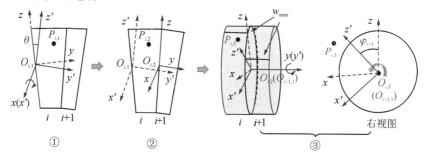

图 4-14　相邻轮盘坐标变换过程的示意图

步骤 1:如图 4-14 中过程①所示,坐标系 $O_{i,1}xyz$ 绕 x 轴顺时针旋转 θ_i,其中 $\theta_i=\theta_{i,1}+\theta_{i,2}\approx\varepsilon_i/d_i$,得到坐标系 $O_{i,1}x'y'z'$,相应的点 $P_{i,0}$ 在新坐标系下变为 $P_{i,1}(x_i^1,\ y_i^1,\ z_i^1)$,$P_{i,0}$ 与 $P_{i,1}$ 之间的关系为

$$\boldsymbol{O}_{i,1}\boldsymbol{P}_{i,1}=\boldsymbol{A}_i\cdot\boldsymbol{O}_{i,1}\boldsymbol{P}_{i,0}=\begin{bmatrix}1&0&0\\0&\cos\theta_i&-\sin\theta_i\\0&\sin\theta_i&\cos\theta_i\end{bmatrix}\begin{bmatrix}x_i^0\\y_i^0\\z_i^0\end{bmatrix} \tag{4-10}$$

式中,$\boldsymbol{A}_i$ 为第 i 个轮盘左端处绕 x 轴的旋转矩阵。

步骤 2:如图 4-14 中过程②所示,坐标系 $O_{i,1}x'y'z'$ 由点 $O_{i,1}$ 沿中心线 $\boldsymbol{O}_{i,1}\boldsymbol{O}_{i,2}$ 平移至 $O_{i,2}$,得到坐标系 $O_{i,2}xyz$,相应的点 $P_{i,1}$ 坐标变为 $P_{i,2}(x_i^2,\ y_i^2,\ z_i^2)$,$P_{i,2}$ 与 $P_{i,1}$ 之间的关系为

$$\boldsymbol{O}_{i,2}\boldsymbol{P}_{i,2}=\boldsymbol{O}_{i,1}\boldsymbol{P}_{i,1}+\boldsymbol{B}_i=\begin{bmatrix}x_i^1\\y_i^1\\z_i^1\end{bmatrix}+\begin{bmatrix}0\\w_i\cos\theta_{i,2}\\-w_i\sin\theta_{i,2}\end{bmatrix} \tag{4-11}$$

式中,$\boldsymbol{B}_i$ 为第 i 个轮盘处沿中心线的平移矩阵。

步骤 3:将坐标系 $O_{i,2}xyz$ 绕 y 轴逆时针旋转 φ_i,得到坐标系 $O_{i,2}x'y'z'$,新坐标系下 z' 轴指向第 $i+1$ 级轮盘最宽处所在的周向位置。由于第 i 级轮盘右端面与第 $i+1$ 级轮盘左端面装配在一起,因此新坐标系 $O_{i,2}x'y'z'$ 也可记为 $O_{i+1,1}xyz$,其中 $O_{i+1,1}$ 为第 $i+1$ 级轮盘的左端面中心。通过上述操作,$P_{i,2}$ 坐标变为

$P_{i+1,0}(x_{i+1}^0,\ y_{i+1}^0,\ z_{i+1}^0)$，$P_{i+1,0}$ 与 $P_{i,2}$ 之间的关系为

$$\boldsymbol{O}_{i+1,1}\boldsymbol{P}_{i+1,0} = \boldsymbol{C}_i \cdot \boldsymbol{O}_{i,2}\boldsymbol{P}_{2,i} = \begin{bmatrix} \cos\varphi_i & 0 & -\sin\varphi_i \\ 0 & 1 & 0 \\ \sin\varphi_i & 0 & \cos\varphi_i \end{bmatrix} \begin{bmatrix} x_i^2 \\ y_i^2 \\ z_i^2 \end{bmatrix} \qquad (4-12)$$

式中，$\boldsymbol{C}_i$ 为第 i 个轮盘右端处绕 y 轴的旋转矩阵。

通过步骤 1～3，可得以第 i 级轮盘左端面为基准所建坐标系中任意一点 $P_{i,0}$ 转化到第 $i+1$ 级轮盘左端面所建坐标系下对应的坐标 $P_{i+1,0}$，而 $P_{i+1,0}$ 即为下一组相邻轮盘传递的起始点。

综合上述分析可得

$$\boldsymbol{O}_{i+1,1}\boldsymbol{P}_{i+1} = \boldsymbol{C}_i\boldsymbol{A}_i \cdot \boldsymbol{O}_{i,1}\boldsymbol{P}_i + \boldsymbol{C}_i\boldsymbol{B}_i = \text{TR}(\boldsymbol{O}_{i,1}\boldsymbol{P}_i) \qquad (4-13)$$

式中 TR() 表示一次完整的相邻轮盘间的坐标变换，即从步骤 1～3 的整个过程；P_i 和 P_{i+1} 分别为 $P_{i,0}$ 变换后在坐标系 $O_{i,1}xyz$ 和 $O_{i+1,1}xyz$ 中对应的点。

由以上分析不难得出，对于空间中任一点 P_0，已知其在第 i 级轮盘坐标系 $O_{i,1}xyz$ 中的坐标 P_{i+1}，则其在第 j 级轮盘坐标系 $O_{j,1}xyz$ 中的坐标 P_{j+1} 可通过 $j-i$（$j>i$）次传递得到，即

$$\boldsymbol{O}_{j,1}\boldsymbol{P}_{j,1} = \text{TR}^{(j-i)}(\boldsymbol{O}_{i,1}\boldsymbol{P}_{i,1}) \qquad (4-14)$$

式中 TR$^{(j-i)}$ 表示 $j-i$ 次相邻轮盘间的坐标变换。为了得到装配后拉杆转子的空间弯曲分布，需首先建立转子整体坐标系。设转子含有 n 级轮盘，将转子轴端靠近轮盘一侧至支承中心位置所包含的区域分别看作第 0 级和第 $n+1$ 级轮盘，由于装配过程中两端轴端不需要旋转，因此有 $\beta_0=\beta_{n+1}=0$，$\varphi_0=\beta_1$ 和 $\varphi_{n+1}=0$。基于以上分析，通过下面两个步骤建立转子整体坐标系：

（i）计算点 $O_{0,1}$ 在坐标系 $O_{n+2,1}xyz$ 中的坐标 O_0^1。其值可由 $O_{0,1}$ 在坐标系 $O_{0,1}xyz$ 中的坐标通过 $n+2$ 次坐标变换得到

$$\boldsymbol{O}_{n+2,1}\boldsymbol{O}_0^1 = \text{TR}^{(n+2)}(\boldsymbol{O}_{0,1}\boldsymbol{O}_{0,1}) \qquad (4-15)$$

（ii）将坐标系 $O_{n+2,1}xyz$ 分别绕 z 轴和 x 轴旋转使得 y 轴与转子轴线 $O_{0,1}O_{n+2}$ 重合，最终得到整体坐标系 $OXYZ$。显然，在整体坐标系下 $O_{0,1}$ 的坐标变为 $(0,\ -L_0,\ 0)$，记为 O_0^2，其变换过程为

$$\boldsymbol{OO}_0^2 = \boldsymbol{RT}_x \cdot \boldsymbol{RT}_z \cdot \boldsymbol{O}_{n+2,1}\boldsymbol{O}_0^1 \qquad (4-16)$$

其中 $\boldsymbol{RT}_x$ 和 $\boldsymbol{RT}_z$ 分别为绕 x 轴和 z 轴旋转的变换矩阵

$$\boldsymbol{RT}_z = \begin{bmatrix} \cos\gamma_1 & \sin\gamma_1 & 0 \\ -\sin\gamma_1 & \cos\gamma_1 & 0 \\ 0 & 0 & 1 \end{bmatrix},\ \boldsymbol{RT}_x = \begin{bmatrix} 1 & 0 & 0 \\ 0 & \cos\gamma_2 & \sin\gamma_2 \\ 0 & -\sin\gamma_2 & \cos\gamma_2 \end{bmatrix} \qquad (4-17)$$

式中，γ_1 和 γ_2 分别为绕 z 轴和 x 轴的旋转角，其值可通过步骤(i)中得到的 O_0^1 的坐标得到。整个坐标建立过程如图 4-15 所示。

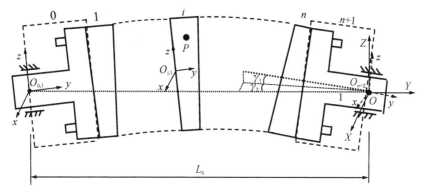

图 4 - 15　转子整体坐标系建立的示意图

完成与上述类似的步骤,可以得到转子上任一点处的初始弯曲大小和相位。下面以第 i 级轮盘上的任一点 P 为例,对求解过程进行介绍。

首先,根据 P 点在第 i 级轮盘上的位置,确定 P 点在坐标系 $O_{i,1}xyz$ 的初始坐标;其次,与步骤(ⅰ)类似,通过 $(n+2-i)$ 次坐标变换得到 P 点在坐标系 $O_{n+2,1}xyz$ 中的坐标;最后,采用与上述步骤(ⅱ)相同的变换,得到 P 点在整体坐标系 $OXYZ$ 中的坐标,记作 $P(x, y, z)$,则可得到点 P 处的初始弯曲大小和相位为

$$\begin{cases} r_P = \sqrt{(x^2 + z^2)} \\ \lambda_P = \tan^{-1}(z/x) \end{cases} \tag{4-18}$$

下面,应用上述算法对一个简单多轮盘转子的初始弯曲分布进行计算。为了直观和计算方便,所有轮盘尺寸均相同,其参数如图 4 - 16 所示。

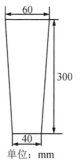

单位: mm

图 4 - 16　轮盘参数

转子共包含 6 级轮盘,两轴端沿轴向中心长度为 175 mm,采用两种不同的装配方案,从左至右各轮盘装配的相位角分别为:方案 1,$[0°, 0°, 0°, 0°, 0°, 0°]$;方案 2,$[0°, 20°, 80°, 140°, 200°, 0°]$,两方案下装配后的转子分别如图 4 - 17(a)、(b)所示。通过计算得到各轮盘几何中心处的初始弯曲大小,并与几何模型的测量结果进行对比,结果如表 4 - 3 所示。

表 4-3　不同装配方案下轮盘中心的初始弯曲值

装配方案	装配参数 /mm	轮盘编号					
		1	2	3	4	5	6
方案 1	几何测量值	42.708	50.677	54.671	54.671	50.677	42.708
	计算值	42.708	50.677	54.671	54.671	50.677	42.708
方案 2	几何测量值	29.044	33.303	33.929	31.213	25.617	19.109
	计算值	29.044	33.303	33.929	31.213	25.617	19.109

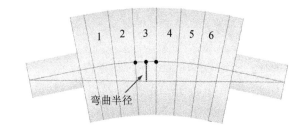

（a）方案1装配后的转子

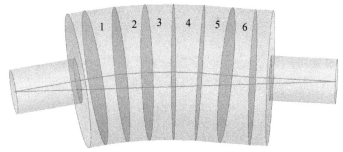

（b）方案2装配后的转子

图 4-17　不同装配方案下的拉杆转子

4.3.1.2　拉杆转子初始弯曲的优化

　　由上述分析过程可知,转子的初始弯曲一方面取决于各轮盘平行度误差的大小;另一方面取决于转子装配时各级轮盘装配的相位角。实际加工时,轮盘平行度的误差不可避免,轮盘一旦加工完成,其误差便已确定。此时,影响转子初始弯曲分布的只有各级轮盘的装配相位角,且任一级轮盘相位角的变化都会改变整个转子的初始弯曲分布。上述对拉杆转子初始弯曲的定量分析,实际上建立了初始弯曲与轮盘平行度偏差和装配相位角的关系,为拉杆转子初始弯曲的优化提供了基础。

　　要实现对拉杆转子初始弯曲的优化,必须首先建立初始弯曲的定量表征方法,然后以此为目标进行优化。下面介绍两种初始弯曲的定量表征方法。

1. 转子轮廓线法[15]

定义轮盘中心线向轮盘圆周轮廓面上的投影为轮盘的轮廓线,如图 4 - 18(a)所示;将所有轮盘相同位置处的轮廓线连接得到转子的轮廓线,如图 4 - 18(b)和(c)所示。理论上,转子具有无数条轮廓线,所有轮廓线共同组成转子的轮廓面。

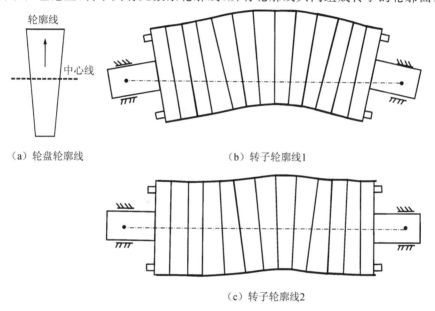

（a）轮盘轮廓线　　　　　　　　　（b）转子轮廓线1

（c）转子轮廓线2

图 4 - 18　轮盘及转子轮廓线

观察图 4 - 18(b)和(c),直观上转子(b)要比(c)弯曲程度更大,观察轮廓线长度可知,(b)中转子的两条轮廓线长度差要大于(c)中转子的两条轮廓线长度差。不难想象,对于绝对平直的转子,其所有轮廓线均等长,即轮廓线长度均匀分布;而对于具有复杂弯曲的转子而言,其轮廓线长度沿圆周方向并不均匀。基于上述分析,考虑将转子所有轮廓线长度的均匀度作为转子弯曲大小的表征,并对其进行优化。

考虑到实际轮廓线具有无数条,无法计算,因此将轮盘轮廓面进行离散,具体操作为:每个轮盘以宽度最窄处为相位 0 点,将轮盘轮廓面沿周向 m 等分,设轮盘宽度从最窄处至最宽处呈线性分布,第 i 个轮盘轮廓面最窄处和最宽处的长度分别为 $l_{i,\min}$ 和 $l_{i,\max}$,则第 i 个轮盘第 k 点处的轮廓线长度为

$$L_{i,k} = \begin{cases} l_{i,\min} + (l_{i,\max} - l_{i,\min}) \cdot \dfrac{2(k-1)}{m}, & 1 \leqslant k \leqslant \left[\dfrac{m}{2}\right] \\ l_{i,\min} + (l_{i,\max} - l_{i,\min}) \cdot \dfrac{2(m-k+1)}{m}, & \left[\dfrac{m}{2}\right] + 1 \leqslant k \leqslant m \end{cases}$$

$$(4 - 19)$$

式中,[ ]表示取整。连接各个盘鼓上相同编号的点,沿圆周共形成 m 条轴向轮廓线,如图 4-19 所示,设转子共有 n 级轮盘,则其中第 k 条轴向轮廓线长度可表示为

$$L_k = \sum_{i=1}^{n} L_{i,k}, \ 1 \leqslant k \leqslant m \tag{4-20}$$

设第 i 个盘鼓逆时针旋转了 j 个单位划分角度,则有

$$L_{i,k} = \begin{cases} L_{i,k-j}, & k > j \\ L_{i,m+k-j}, & k \leqslant j \end{cases} \tag{4-21}$$

将式(4-21)代入式(4-20)即可得旋转后的轴向轮廓线长度。

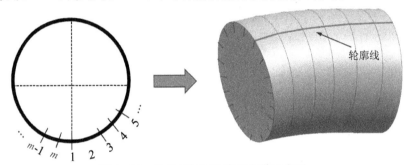

图 4-19　轮盘及转子轮廓的离散示意图

得到离散后的所有轮廓线的长度,采用上述值的标准差作为轮廓线长度均匀度的表征,即

$$\sigma = \sqrt{\frac{\sum_{i=1}^{m} (l_i - \bar{l})^2}{m}} \tag{4-22}$$

式中,σ 表示燃气轮机拉杆转子各轴向轮廓线长度的标准差,单位为 mm;l_i 表示第 i 条轴向线长度,单位为 mm;$\bar{l}$ 表示各轴向轮廓线长度的平均值,单位为 mm;m 为圆周点数。

2. 转子中心线法

如图 4-20 所示,转子两端支承中心的连线称为旋转轴线,两端支承中心之间所有轮盘和轴端中心点的连线称为中心线。

观察图 4-20 可知,在具有初始弯曲的情况下,转子自身的中心线与轴线并不等长,且中心线长度大于轴线;对于同一根转子,其中心线与旋转轴线长度相差越大,则转子越弯曲,当差值为零,可视为转子绝对平直。因此通过比较转子中心线与轴线长度的差值,即可得到转子的初始弯曲程度。由转子中心线的定义可知,其长度包括了左侧支承中心到轴端右侧面的距离 l_1、右侧支承中心到轴端左侧面的距离 l_r 和中间各级轮盘中心处的宽度 $\omega_i (i = 1, \cdots, n, n$ 为轮盘个数),则转子中心线长度可表示为

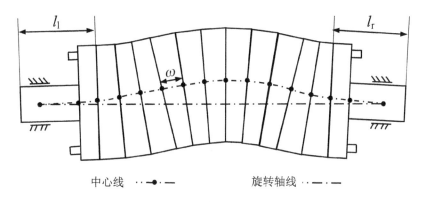

中心线 ···■—　　　　　　旋转轴线 ···—·—

图 4-20　转子中心线及轴线示意图

$$L_{\mathrm{c}} = \sum_{i=1}^{n} w_i + l_{\mathrm{l}} + l_{\mathrm{r}} \tag{4-23}$$

转子的轴线长度 L_{a} 可采用本小节第一部分初始弯曲定量分析中的坐标变换法得到,则转子中心线与转子轴线的长度差

$$\Delta L = L_{\mathrm{c}} - L_{\mathrm{a}} \tag{4-24}$$

ΔL 的大小即反映了转子弯曲程度,在轮盘加工参数一定的情况下,其值仅取决于各级轮盘的装配相位角。

至此,我们介绍了两种拉杆转子初始弯曲的定量表征方法,两种方法中的变量均为各级轮盘的装配相位角,其优化属于单目标多参数优化问题。两种方法下的优化函数和变量约束可表示为

$$\min\{\sigma(\varphi(1),\cdots,\varphi(n)),\ \Delta L(\varphi(1),\cdots,\varphi(n))\} \tag{4-25}$$

约束条件均为

$$\varphi(i) \in [0,360],\ i = 1, 2, \cdots, n \tag{4-26}$$

式中,n 为拉杆转子的轮盘数目。

4.3.2　基于不平衡量的拉杆转子装配参数优化

由于材质不均匀及制造、加工误差等,盘鼓质心与形心位置并不重合,旋转时产生不平衡力和力矩。形心到质心之间的距离称为偏心距 e,与 x 轴之间的夹角 β 为初始相位角,如图 4-21 所示。设轮盘质量为 m,则该级轮盘不平衡量可表示为

$$\boldsymbol{u} = m \cdot \boldsymbol{e} \tag{4-27}$$

设转子的旋转角速度为 ω,则不平衡力

$$\boldsymbol{F} = \boldsymbol{u} \cdot \omega^2 \tag{4-28}$$

该不平衡力 $\boldsymbol{F}$ 可以向两个垂直于轴线的平面分解成两个力,记为 $\boldsymbol{F}_{\mathrm{l}}$ 和 $\boldsymbol{F}_{\mathrm{r}}$,由力和力矩等效原理,可得

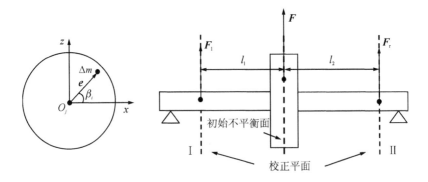

图 4-21　单轮盘不平衡量及力分解示意图

$$\begin{cases} \boldsymbol{F}_1 = \dfrac{l_2}{l_1 + l_2}\boldsymbol{F} \\[3mm] \boldsymbol{F}_r = \dfrac{l_1}{l_1 + l_2}\boldsymbol{F} \end{cases} \tag{4-29}$$

实际燃气轮机转子由多级盘鼓组成,存在多个不平衡量同时作用。以三个力 $\boldsymbol{F}_1,\boldsymbol{F}_2,\boldsymbol{F}_3$ 为例,分解后各得到左、右两个分力,如图 4-22 所示。

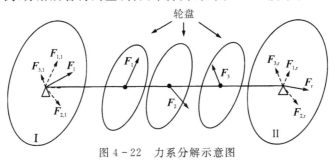

图 4-22　力系分解示意图

考虑到在动平衡及实际运行中,多以轴承处的振动响应为评价标准,因此,将两侧轴承处垂直于转轴的平面作为平衡面,将所有不平衡力进行分解。之后将两平衡面内包含的不平衡力分别求和,即可得左、右轴承处受到的总不平衡力,可表示为

$$\begin{cases} \boldsymbol{F}_1 = \dfrac{\displaystyle\sum_{i=1}^{n} l_{2,i}\boldsymbol{F}_i}{L} = \dfrac{\displaystyle\sum_{i=1}^{n} l_{2,i} m_i \boldsymbol{e}_i}{L}\omega^2 \\[5mm] \boldsymbol{F}_r = \dfrac{\displaystyle\sum_{i=1}^{n} l_{1,i}\boldsymbol{F}_i}{L} = \dfrac{\displaystyle\sum_{i=1}^{n} l_{1,i} m_i \boldsymbol{e}_i}{L}\omega^2 \end{cases} \tag{4-30}$$

式中,$\boldsymbol{e}_i$ 为第 i 级轮盘偏心距;$l_{1,i}$ 和 $l_{2,i}$ 分别为第 i 级轮盘的不平衡量所在位置距左、右轴承的距离;n 为轮盘级数。对于初始不平衡量的优化,采用刚性转子假设,由 $\boldsymbol{u} = \boldsymbol{F}/\omega^2$,类比不平衡力可以将各级轮盘不平衡量进行分解得到 $\boldsymbol{u}_1$ 和 $\boldsymbol{u}_r$,得左、

右轴承处的等效总不平衡量 $\boldsymbol{u}_l$ 和 $\boldsymbol{u}_r$：

$$\begin{cases} \boldsymbol{u}_l = \dfrac{\sum\limits_{i=1}^{n} l_{2,i}\boldsymbol{u}_i}{L} = \dfrac{\sum\limits_{i=1}^{n} l_{2,i}m_i\boldsymbol{e}_i}{L} \\[4mm] \boldsymbol{u}_r = \dfrac{\sum\limits_{i=1}^{n} l_{1,i}\boldsymbol{u}_i}{L} = \dfrac{\sum\limits_{i=1}^{n} l_{1,i}m_i\boldsymbol{e}_i}{L} \end{cases} \qquad (4-31)$$

式中，$\boldsymbol{u}_i$ 为第 i 级轮盘的不平衡量。

与初始弯曲优化不同，不平衡优化可以归结为多目标多参数优化问题，其目标函数为

$$\min\{\boldsymbol{u}_l(\varphi(1),\cdots,\varphi(n)),\boldsymbol{u}_r(\varphi(1),\cdots,\varphi(n))\} \qquad (4-32)$$

约束条件均为

$$\varphi(i) \in [0,360],\ i = 1,2,\cdots,n \qquad (4-33)$$

式中，n 为拉杆转子的轮盘数目。

4.3.3　综合考虑初始弯曲与不平衡的拉杆转子装配参数优化

前述两小节分别对拉杆转子初始弯曲和不平衡量的分析和优化进行了介绍，并给出了优化目标函数及变量，可以看出两者的优化变量均为各级轮盘的装配相位角。实际上，拉杆转子往往同时存在初始弯曲和不平衡，对其中一者的优化都会改变另一者的分布，因此在优化时两者必须同时考虑。

以降低转子轴承处的振动为目标，存在两种思路可以进行优化：第一，基于激励最小的优化。先对拉杆转子初始弯曲和不平衡同时进行优化，再将优化结果用于转子系统响应求解，比较优化前后的响应结果；第二，基于响应最小的优化。建立考虑初始弯曲和不平衡的转子系统动力学模型，直接对响应结果进行优化。前者相对比较简单，但对于复杂的转子系统所得结果不一定最优，后者对振动响应优化效果显著，但是对动力学模型的准确性要求较高。下面将结合简化的转子系统分别对两种思路进行分析和验证。

1. 基于激励最小的优化

先同时优化拉杆转子初始弯曲和不平衡，再求解振动响应[16]。此处选择拉杆转子中心线与轴线长度差 ΔL 作为初始弯曲的定量表征，结合式（4-25）和式（4-32），可得总体优化目标函数

$$\min\{\Delta L(\varphi(1),\cdots,\varphi(n)),|\boldsymbol{u}_l(\varphi(1),\cdots,\varphi(n))|,|\boldsymbol{u}_r(\varphi(1),\cdots,\varphi(n))|\}$$
$$(4-34)$$

约束条件为

$$\varphi(i) \in [0,360],\ i = 1,2,\cdots,n \qquad (4-35)$$

式(4-34)至式(4-35)是一个典型的多目标优化问题,优化算法采用非支配解排序遗传算法(NSGA-II)。在得到的 Pareto 最优解集中,分别将 3 个目标函数值归一化[17],通过赋予每个目标函数加权系数来得到综合后的优化结果,综合目标函数值可表示为

$$S_i = \lambda_1 \cdot \frac{\Delta L_i}{\Delta L_{\max}} + \lambda_2 \cdot \frac{|\boldsymbol{u}_1|_i}{|\boldsymbol{u}_1|_{\max}} + \lambda_3 \cdot \frac{|\boldsymbol{u}_r|_i}{|\boldsymbol{u}_r|_{\max}} \qquad (4-36)$$

式中,$\Delta L_{\max}$、$|\boldsymbol{u}_1|_{\max}$、$|\boldsymbol{u}_r|_{\max}$ 分别为所得最优解集中 3 个目标函数对应的最大值;ΔL_i、$|\boldsymbol{u}_1|_i$、$|\boldsymbol{u}_r|_i$ 为第 i 个解对应的目标函数值。最后筛选出综合目标函数值最小的解作为最优解。

本书采用简化的拉杆转子模型(拉杆转子模型 A),具体结构及尺寸如图4-23所示。转子由左、右轴端和 14 级中间轮盘通过 12 根周向均布拉杆连接组成。表4-4 给出了拉杆转子各级轮盘平行度、不平衡量以及不平衡量初始相位角,表4-5 是优化前、后的目标函数值对比。

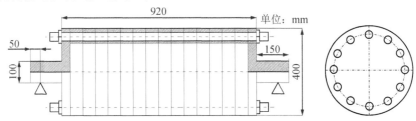

图4-23 拉杆转子模型 A 的几何结构示意图

表4-4 拉杆转子模型 A 的各级轮盘平行度、不平衡量及初始相位角

级数	第 1 级	第 2 级	第 3 级	第 4 级	第 5 级	第 6 级	第 7 级
平行度/mm	0.008	0.006	0.007	0.007	0.006	0.008	0.007
不平衡量大小/(g·mm)	368	779	630	700	628	467	353
不平衡量初始相位/°	167	108	104	104	97	97	78
级数	第 8 级	第 9 级	第 10 级	第 11 级	第 12 级	第 13 级	第 14 级
平行度/mm	0.007	0.007	0.007	0.006	0.006	0.006	0.005
不平衡量大小/(g·mm)	216	400	549	283	241	321	225
不平衡量初始相位/°	100	85	102	97	88	96	110

表4-5 拉杆转子模型 A 优化前、后的目标函数值

目标函数	ΔL/mm	$\boldsymbol{u}_1$/(g·mm)	$\boldsymbol{u}_r$/(g·mm)
优化前	9.82×10^{-7}	977.4	1110.8
优化后	3.34×10^{-8}	9.6	14.0
下降率/%	96.59	99.02	98.74

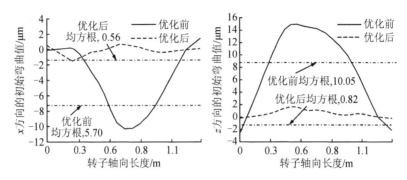

图 4-24　拉杆转子模型 A 优化前、后 x 和 z 方向的初始弯曲对比

图 4-24 是优化前后转子 x 和 z 方向的初始弯曲图。可以看出,优化后转子的初始弯曲得到了大幅下降,优化后左、右侧轴承处轴颈振动的均方根值分别由 $5.7\mu m$、$10.05\mu m$ 下降到了 $0.56\mu m$、$0.82\mu m$,分别降低了 90.17% 和 91.84%,优化效果显著。

下面利用优化结果对转子响应进行求解,转子两端的支承参数如表 4-6 所示。

表 4-6　拉杆转子模型 A 的轴承动力特性参数

轴承参数	刚度/($\times 10^7$ N/m)				阻尼/($\times 10^3$ N·s/m)			
	K_{xx}	K_{xy}	K_{yx}	K_{yy}	C_{xx}	C_{xy}	C_{yx}	C_{yy}
左轴承	8	1	6	10	8	3	3	10
右轴承	5	2	4	70	6	1.5	1.5	80

系统动力学模型如下[18,19]:

$$\begin{bmatrix} \boldsymbol{M}_x & \boldsymbol{O} \\ \boldsymbol{O} & \boldsymbol{M}_y \end{bmatrix} \begin{bmatrix} \ddot{\boldsymbol{U}}_x \\ \ddot{\boldsymbol{U}}_y \end{bmatrix} + \begin{bmatrix} \boldsymbol{c}_{11} & \boldsymbol{c}_{12}+\boldsymbol{G}_1 \\ \boldsymbol{c}_{21}-\boldsymbol{G}_1 & \boldsymbol{c}_{22} \end{bmatrix} \begin{bmatrix} \dot{\boldsymbol{U}}_x \\ \dot{\boldsymbol{U}}_y \end{bmatrix} + \begin{bmatrix} \boldsymbol{k}_{11}+\boldsymbol{K}_x & \boldsymbol{k}_{12} \\ \boldsymbol{k}_{21} & \boldsymbol{k}_{22}+\boldsymbol{K}_y \end{bmatrix} \begin{bmatrix} \boldsymbol{U}_x \\ \boldsymbol{U}_y \end{bmatrix}$$

$$= \omega^2 \left(\begin{bmatrix} \boldsymbol{Q}_{1c} \\ \boldsymbol{Q}_{2c} \end{bmatrix} \cos(\omega t) + \begin{bmatrix} \boldsymbol{Q}_{1s} \\ \boldsymbol{Q}_{2s} \end{bmatrix} \sin(\omega t) \right) + \left(\begin{bmatrix} \boldsymbol{K}_x \boldsymbol{r}_x \\ \boldsymbol{K}_y \boldsymbol{r}_y \end{bmatrix} \cos(\omega t) + \begin{bmatrix} -\boldsymbol{K}_y \boldsymbol{r}_y \\ \boldsymbol{K}_x \boldsymbol{r}_x \end{bmatrix} \sin(\omega t) \right)$$

$$(4-37)$$

式中,ω 为旋转角速度;$\boldsymbol{M}_x$、$\boldsymbol{M}_y$ 分别为 x 和 y 方向的整体质量矩阵;$\boldsymbol{K}_x$、$\boldsymbol{K}_y$ 为不包含轴承刚度的系统 x 和 y 方向的刚度矩阵;$\boldsymbol{G}_1$ 为整体回旋矩阵;$\boldsymbol{c}_{ij}$、$\boldsymbol{k}_{ij}(i,j=1,2)$ 分别为系统的等效阻尼和刚度矩阵;$\boldsymbol{r}_x$、$\boldsymbol{r}_y$ 为初始弯曲矩阵 $\boldsymbol{r}$ 在 x,y 方向的分量;$\boldsymbol{U}_x$、$\boldsymbol{U}_y$ 为系统 x 和 y 方向的位移向量;$\boldsymbol{Q}_1$、$\boldsymbol{Q}_2$ 为 x 和 y 方向的不平衡力向量;下标 c、s 表示不平衡力向量中的余弦和正弦分量。

图 4-25 是优化前、后在转子轴承处振动响应的对比图。

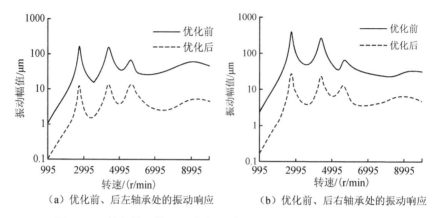

图 4-25 拉杆转子模型 A 在优化前、后在转子轴承处的振动响应

可以看出,优化后的转子在前三阶临界转速下,左、右轴承处的响应幅值均较优化前得到了大幅下降,具体优化前、后结果的对比如表 4-7 所示。

表 4-7 拉杆转子模型 A 优化前、后在转子轴承处的振动幅值对比

轴承各阶振动幅值	左侧轴承			右侧轴承		
	第 1 阶	第 2 阶	第 3 阶	第 1 阶	第 2 阶	第 3 阶
优化前/μm	164.2	155.4	67.8	397.5	274.9	70.3
优化后/μm	12.6	14.8	15.1	32.1	24.3	17.0
降低率/%	92.33	90.48	77.73	91.92	91.16	75.82

2. 基于响应最小的优化

这里直接对系统振动响应进行优化。

转子系统振动方程同式(4-37),其右端两项均与各轮盘装配相位角有关,因此其响应可以看作是装配相位角的函数。简化的拉杆转子系统(拉杆转子模型 B)见图 4-26。

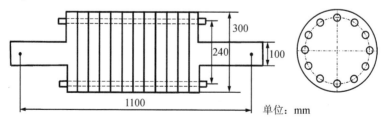

图 4-26 拉杆转子模型 B 的几何结构示意图

转子包含 10 级轮盘,由 12 根周向均布拉杆预紧。两端轴承参数同表 4-6,表 4-8 为各级轮盘的相关参数。

表 4-8　拉杆转子模型 B 各级轮盘的平行度、不平衡量及其相位角

轮盘编号	1	2	3	4	5
平行度/μm	8	10	12	11	9
不平衡量大小/(g·mm)	368	779	630	700	628
不平衡量初始相位/°	28	104	92	246	152
轮盘编号	6	7	8	9	10
平行度/μm	11	10	10	8	11
不平衡量大小/(g·mm)	467	353	400	549	321
不平衡量初始相位/°	307	221	169	59	113

本算例针对 6000 r/min 转速下的转子左右轴承处的响应进行优化,优化目标函数为

$$\min\{A_l(\beta(1),\cdots,\beta(10)),A_r(\beta(1),\cdots,\beta(10))\} \qquad (4-38)$$

约束条件为

$$\beta(i)\in[0,360],\ i=1,2,\cdots,10 \qquad (4-39)$$

优化前、后的振动响应对比见图 4-27。

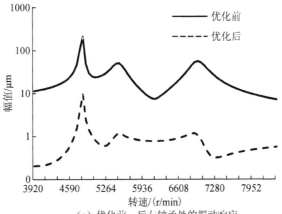

（a）优化前、后左轴承处的振动响应

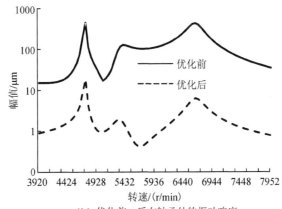

（b）优化前、后右轴承处的振动响应

图 4-27　拉杆转子模型 B 优化前、后在转子轴承处的振动响应

可以看出,优化后的转子在前三阶临界转速下,左、右轴承处的响应幅值均较优化前得到了大幅下降。具体优化前、后的结果对比见表 4 - 9。

表 4 - 9　拉杆转子模型 B 优化前、后在转子轴承处的振动幅值对比

轴承各阶振动幅值	左侧轴承			右侧轴承		
	第 1 阶	第 2 阶	第 3 阶	第 1 阶	第 2 阶	第 3 阶
优化前/μm	210.12	49.32	52.36	453.46	116.39	415.84
优化后/μm	9.51	1.12	1.16	18.44	1.88	6.31
降低率/%	95.47	97.73	97.78	95.93	98.38	98.48

通过上述算例计算证明,两种方法均可以起到对拉杆转子振动响应优化的目的,且优化效果显著。

通过优化得到各级轮盘的装配相位角,以第 $i-1$ 级轮盘和 i 级轮盘为例,首先将两轮盘最窄处(即 0 相位处)保持同一水平线;将第 i 级轮盘逆时针旋转 φ_i,沿轴向将其装配到第 $i-1$ 级轮盘右侧,装配过程见图 4 - 28。

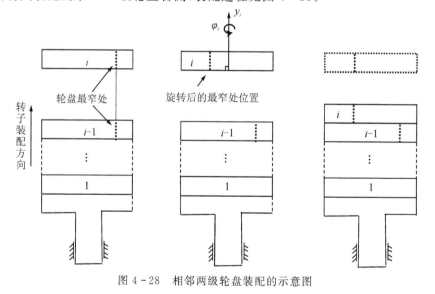

图 4-28　相邻两级轮盘装配的示意图

4.4　拉杆转子动平衡的规范和标准

转子平衡的目标是保证系统在运行时,转子系统的振动、轴的挠曲和轴承反力都在许可范围内。为此,验收转子时需要对转子平衡之后的效果进行评估。在此过程中,根据大量的理论成果和实际经验制定了许多国内外的规范和标准。同时,

随着技术的进步,平衡的标准和规范也在不断更新,在此,仅对现有的与燃气轮机动平衡相关的的评价标准进行归纳和介绍。

4.4.1　ISO 7919—4:油膜轴承燃气轮机组

该标准规定的各区域界限值如下[20]:

- 区域 A/B:$S_{P-P}=4800/\sqrt{n}$ μm;
- 区域 B/C:$S_{P-P}=9000/\sqrt{n}$ μm;
- 区域 C/D:$S_{P-P}=13200/\sqrt{n}$ μm。

式中,S_{P-P} 表示振动位移峰-峰值;n 表示转子的工作转速,单位为 r/min。该部分振动界限可绘制为图 4-29 的形式。

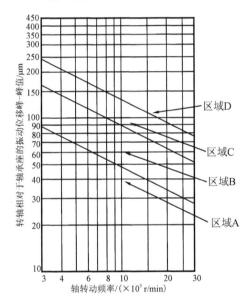

图 4-29　ISO 7919—4 轴振动允许峰-峰值

标准中给出了燃气轮机轴振动评估的限制值如表 4-10 所示。

表 4-10　ISO 7919—4 燃气轮机轴振动评估的限制值

区域	3000 r/min	3600 r/min
新安装机组/长期运行机组(A/B)	87.6μm	80μm
长期运行机组/不合格,需采取措施(B/C)	164μm	149μm
不合格,需采取措施/停机(C/D)	241μm	219μm

4.4.2 ISO 10816—4:油膜轴承燃气轮机组

该标准对不同区域机组的轴承座振动限制值进行了规定[21],适用于不包括航空器类的燃气轮机驱动装置的所有主轴承径向振动和止推轴承轴向振动,具体见表 4-11。

表 4-11 ISO 10816—4 燃气轮机轴承座振动限制值

描 述	区域	限制(单峰值)/(mm/s)	限制(均方根值)/(mm/s)
新安装机组	A	<6.35	<4.5
长期运行机组	B	<13.2	<9.3
不合格,需采取措施	C	13.2~<20.8	9.3~<14.7
停机	D	≥20.8	≥14.7

4.4.3 燃气轮机转子高速动平衡标准

各燃气轮机设备制造商都有各自的转子振动设计或验收标准,其中西门子、三菱重工、通用电气、阿尔斯通在转子设计时均要求弯曲不平衡响应符合 ISO 7919—4 标准(见表 4-8)。此外西门子对其 F 级燃气轮机,规定了转子在高速动平衡机的轴承处测得的振动速度限制值,见表 4-12[22]。

表 4-12 西门子 F 级燃气轮机在轴承处的振动速度限制值

转子转速/(r/min)	轴承处振动速度(均方根值)/(mm/s)
额定转速(3000)	≤0.64
临界转速(≈1370)	≤0.88
2400~3000	≤0.88
其余转速	≤1.68

此外,通用电气公司对燃气轮机部件及转子采用低速动平衡,要求:

(1)压气机转子进行两平面低速动平衡时,平衡精度应符合 ISO 1940[23] 中"刚性旋转体的平衡品质"G2.5 级的要求;

(2)透平转子进行两平面低速动平衡时,平衡精度应符合 ISO 1940 中"刚性旋转体的平衡品质"G2.5 级的要求[24];

(3)转子在整个试车过程中轴承振动应小于 10.16 mm/s(0~3000 r/min)。

我国哈尔滨汽轮机厂对引进的 GE 燃气轮机组进行动平衡时要求工作转速下的轴承振动应小于 2.5 mm/s;过临界时的振动速度应小于 2.8 mm/s。

参考文献

[1] 王正. 转子动力学[M]. 北京:清华大学出版社,2015.

[2] 中国国家标准化管理委员会. 机械振动–恒态(刚性)转子平衡品质要求,第 1 部分:规范与平衡允差的检验. GB/T9239.1—2006[S]. 北京:中国标准出版社,2006.

[3] 中国国家标准化管理委员会. 机械振动–恒态(刚性)转子平衡品质要求,第 2 部分:平衡误差. GB/T9239.2—2006 [S]. 北京:中国标准出版社,2006.

[4] 姜雪梅. 盘轴制造技术[M]. 北京:科学出版社,2002:1.

[5] 袁奇,高进,李浦,等. 重型燃气轮机转子结构及动力学特性研究综述[C]//中国动力工程学会. 透平专业会议 2013 年学术研讨会论文集. 青岛:中国动力工程学会透平专业委员会,2013:294 – 301.

[6] 冯国全,朱梓根. 具有初始弯曲的转子系统的振动特性[J]. 航空发动机,2003,29(1):20 – 22.

[7] 王梦瑶,袁奇,冀大伟,等. 百万核电套装转子高速动平衡优化方案研究[J]. 热力透平,2016,45 (4):284 – 289.

[8] 袁奇,刘洋,陈谦,等. 带端面齿的燃气轮机拉杆转子高速动平衡能力优化设计方法:CN201610069281.5A[P]. 2016 – 02 – 01.

[9] International organization for standardization (ISO). The mechanical balancing of flexible rotors:ISO 5406—1980[S]. London:British standards institution (BSI),1980:3.

[10] 李立波,雒兴刚,张修寰,等. 9FA 重型燃气轮机转子高速动平衡研究[J]. 燃气轮机技术,2011,24 (4):9 – 11,39.

[11] 钟一谔,何衍宗,王正,等. 转子动力学[M]. 北京:清华大学出版社,1987.

[12] 徐晓春. 浅谈挠性转子的振型平衡法[J]. 沿海企业与科技,2010,4:38.

[13] KELLENBERGER W. Should a flexible rotor be balanced in N or (N+2) planes? [J]. Journal of manufacturing science and engineering,1972,94 (2):548 – 558.

[14] ZHAO B X,YUAN Q,LI P. Dynamic analysis and optimization on assembly parameters of rod fastening rotor system with manufacturing tolerances [C]//Proceedings of ASME Turbo Expo 2019:Turbine Technical Conference and Exposition,June 17 – 21,2019,Phoenix Convention Center,Phoenix,Arizona. New York:ASME,2019:1 – 13.

[15] 袁奇,赵柄锡,李肖倩,等.考虑盘鼓多制造因素的燃气轮机拉杆转子装配参

数优化方法：CN107895077A[P]. 2018 - 04 - 10.

[16] ZHAO B X, YUAN Q, LI P. Improvement of vibration performance of rod fastened rotor by multi-optimization on the distribution of original bending and unbalance[J]. Journal of mechanical science and technology, 2020, 34：83 - 95.

[17] 赵柄锡，袁奇，朱光宇. 多目标超临界 CO_2 循环设计与优化[J]. 中国电机工程学报，2018, 38 (7)：2046 - 2054, 2219.

[18] 高进，袁奇，李浦，等. 拉杆式转子非线性弯曲刚度和动力学特性研究[J]. 振动与冲击，2012, 31(S)：63—68.

[19] 夏亚磊，杨建刚，张晓斌. 柔性转子转轴弯曲与不平衡耦合振动分析[J]. 动力工程学报，2016, 36 (11)：877—882.

[20] International organization for standardization (ISO). Mechanical vibration-evaluation of machine vibration by measurements on rotating shafts：Part 4. Gas turbine sets with fluid-film bearings：ISO 7919—4：2009[S]. Manakalaya：Bureau of Indian Standards，2009：6.

[21] International organization for standardization (ISO). Mechanical vibration-evaluation of machine vibration by measurements on non-rotating parts：Part 4. Gas turbine sets with fluid-film bearings：ISO10816—4：2010[S]. Milano：Ente Nazionale Italiano di Unificazione (UNI)，2010：2.

[22] 张国永，陈富新，许雄国，等. SGT5 - 4000F 型燃气轮机转子高速动平衡工艺[J]. 热力透平，2010, 39 (4)：289 - 292.

[23] International organization for standardization (ISO). Mechanical vibration-balance quality requirements for rotors in a constant (rigid) state：Part 1. Specification and verification of balance tolerances：ISO1940—1：2004[S]. Darmstadt：German Institute for Standardisation，2003：12.

[24] 邓勇. MS9001E 燃气轮机转子的高速动平衡[J]. 燃气轮机技术，2006, 19 (1)：68 - 72.

第5章

燃气轮机拉杆转子应力分析和寿命评估

5.1 燃气轮机拉杆转子的边界条件和计算模型

5.1.1 拉杆转子热应力计算的理论基础

5.1.1.1 温度场计算理论

在计算燃气轮机转子温度场时，基于转子结构均匀和各向同性，可将该问题视为无内热源的非定常温度函数问题，温度 T 在求解区域应该满足如下方程

$$\frac{\partial T}{\partial \tau} = \frac{\lambda}{c_p \rho} \left(\frac{\partial^2 T}{\partial z^2} + \frac{\partial^2 T}{\partial r^2} + \frac{1}{r} \frac{\partial T}{\partial r} \right) \tag{5-1}$$

式中，λ 为材料的导热系数，单位为 $W/(m \cdot K)$；c_p 为材料的比热容，单位为 $J/(kg \cdot K)$；ρ 为材料的密度，单位为 kg/m^3。

为了求解上述微分方程，除了给定的初始条件，还需要一定的边界条件。燃气轮机转子外表面与气流之间传递热量受到气流温度和转子外表面换热系数的影响，属于第三类边界条件，具体的热量交换公式为

$$-\lambda \frac{\partial T}{\partial n} \Big| \Gamma = h(T - T_f) \tag{5-2}$$

式中，h 为转子表面换热系数，单位为 $W/(m^2 \cdot K)$；T_f 为转子表面气流温度，单位为 K。

5.1.1.2 热应力场计算理论

燃气轮机转子温度场的不均匀性将导致拉杆转子的各个部分之间膨胀、收缩程度产生差异，或使某区域的变形受到限制，由此会在转子的内部产生热应力。在热弹性理论中，节点位移为

$$\boldsymbol{\delta} = \begin{bmatrix} \delta_i^r & \delta_j^r & \delta_m^r \end{bmatrix}^{\mathrm{T}} = \begin{bmatrix} u_i & w_i & u_j & w_j & u_m & w_m \end{bmatrix}^{\mathrm{T}} \quad (5-3)$$

单元内部位移为

$$f = \begin{bmatrix} u \\ w \end{bmatrix} = \boldsymbol{N} \{\delta\}^e = \begin{bmatrix} N_i I & N_j I & N_m I \end{bmatrix} \{\delta\}^e \quad (5-4)$$

单元内部应变为

$$\boldsymbol{\varepsilon} = \boldsymbol{B} \{\delta\}^e = \begin{bmatrix} B_i & B_j & B_m \end{bmatrix} \{\delta\}^e \quad (5-5)$$

考虑温度载荷下的初始应变为

$$\boldsymbol{\varepsilon}_0 = \begin{bmatrix} \beta t & \beta t & \beta t & 0 \end{bmatrix}^{\mathrm{T}} = \beta t \begin{bmatrix} 1 & 1 & 1 & 0 \end{bmatrix}^{\mathrm{T}} \quad (5-6)$$

采用应力应变关系求得应力为

$$\boldsymbol{\sigma} = \begin{bmatrix} \sigma_r & \sigma_\theta & \sigma_z & \tau_{rz} \end{bmatrix} = \boldsymbol{D}(\{\varepsilon\} - \{\varepsilon_0\}) = \boldsymbol{D}(\boldsymbol{B}\{\delta\}^e - \{\varepsilon_0\}) \quad (5-7)$$

根据求解出的转子温度场,进而求解得到燃气轮机转子热应力。

5.1.2 拉杆转子的有限元模型

5.1.2.1 拉杆转子的几何结构

某型燃气轮机拉杆转子采用周向拉杆结构,压气机转子和透平转子均通过 12 根周向均布长拉杆进行预紧。整个转子由 17 级压气机轮盘、4 级透平轮盘、2 级中间轴和前后轴头组成,其中压气机各级轮盘通过平面摩擦传递扭矩,透平各级轮盘通过弧形端面齿传递扭矩。燃气轮机拉杆转子结构如图 5-1 所示。

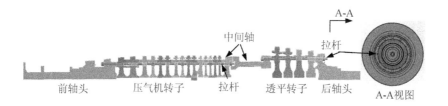

图 5-1 燃气轮机拉杆转子的结构示意图

5.1.2.2 拉杆转子的材料属性

由于各级轮盘所处温度环境和材料承受能力各异,因此转子不同部件采用不同的材料。压气机轮盘、前后轴头和中间轴结构采用 30Cr2Ni4MoV 材料;由于透平转子所受的温度较高,拉杆承受的应力水平较高,故透平轮盘、压气机拉杆和透平拉杆均采用性能较好的 In718 合金材料。各材料不同温度下的力学性能参数如表 5-1 和表 5-2 所示。

表 5 - 1　30Cr2Ni4MoV 的材料属性

温度 /℃	密度 ρ /(kg/m³)	比热容 c_p /(J/(kg·K))	泊松比 ν	弹性模量 E/GPa	导热系数 λ/(W/(m·K))	线膨胀系数 α/(×10⁻⁶/℃)
20	7860	423	0.288	204	34.6	—
100	7860	423	0.292	201	—	10.90
200	7860	423	0.287	196	39.6	12.00
300	7860	423	0.299	190	38.2	12.70
400	7860	423	0.294	182	36.4	13.65
500	7860	423	0.305	173	34.4	13.65
600	7860	423			32.1	13.82

表 5 - 2　IN718 的材料属性

温度 /℃	密度 ρ /(kg/m³)	比热容 c_p /(J/(kg·K))	泊松比 ν	弹性模量 E/GPa	导热系数 λ/(W/(m·K))	线膨胀系数 α/(×10⁻⁶/℃)
20	8260	502.3	0.32	208.8	—	—
100	8260	502.3	0.33	207	13.1	13.0
200	8260	502.3	0.32	202	15.4	13.3
300	8260	502.3	0.33	196	17.3	13.8
400	8260	502.3	0.34	189	18.9	14.3
500	8260	502.3	0.35	182	20.2	15.0
600	8260	502.3	0.36	175	21.0	15.6

5.1.2.3　拉杆转子有限元模型和边界条件

实际的转子模型结构复杂,细微结构众多,不可能对其进行完全建模分析,需要对其进行一定的简化处理;为了突出研究的重点,本书依据简化处理原则对计算结果影响较小的结构进行了以下处理:

(1)燃气轮机转子在实际运行过程中受力情况非常复杂,主要包括由扭矩引起的剪应力,高压气流对叶片的压应力,转子自重引起的交变拉压应力,温度梯度引起的热应力,拉杆预紧力产生的拉杆拉应力,叶片和转子本体产生的离心力等。其中气流力、重力等对转子的强度影响较小,而热应力、离心力和拉杆预紧力数值均较大,是影响转子强度的重要因素,因此对转子进行强度计算时,主要是考虑转子的热应力、离心力及拉杆预紧力。

(2)由于实际模型叶片众多,且叶片形状复杂,接触关系众多,无法完全建模模拟,本书对叶片及轮缘进行等效处理,即取轮盘的计算半径为叶根槽底面半径,不考虑每一级转子的叶片及围带等结构,在叶片根部位置添加与叶根宽度一致、密度不同的等效环状体,轮盘的计算半径即为环状体的内径,环状体的外径为轮缘的实际外径。根据环状体的离心力与原来的叶片、围带及轮缘部分所产生离心力相等的原则,确定此环状体的密度。

(3)简化对计算结果影响较小的细小结构。但是为了正确反映转子的应力集中现象,对于影响转子应力分布的圆角、止口和螺栓连接等结构均按照转子精加工图进行精确建模。

(4)压气机与透平转子周向均布 12 根拉杆。由于转子为旋转体,为了提高计算效率,选取转子的 1/12 扇形区作为基本重复扇形区,建立循环对称三维有限元模型。三维有限元模型能够准确反映拉杆孔、冷却孔及拉杆结构的温度和应力演化规律。

拉杆转子网格划分采用六面体为主的划分方式,对拉杆凸台与拉杆孔的接触面、止口接触面和引气孔等部位进行局部网格加密。整体网格数约 71 万,节点数约 247 万。燃气轮机拉杆转子有限元模型如图 5-2 所示。循环周期对称模型采用三维 20 节点实体结构单元 Solid186 及三维 20 节点实体热单元 Solid90。为了准确描述转子内部的接触关系及其各个结构的定位关系,也为了能获取较好的网格质量,本书在有限元计算过程中,根据结构之间的定位关系,分别施加了固结和摩擦两种接触方式,采用了 Targe170、Conta174、Targe169、Conta172 四种接触单元,其中轮盘与轮盘接触面、拉杆与拉杆孔内壁、拉杆螺母与轮盘侧面均采用不分离接触。采用接触可以真实模拟转子实际运行过程中的接触状态变化和拉杆滑移效应,准确反映出拉杆和拉杆孔应力变化规律。拉杆转子内缘止口接触位置采用不分离接触,限制其法向位移。

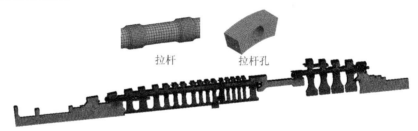

图 5-2　燃气轮机拉杆转子 1/12 循环周期对称模型的网格示意图

转子在冷却空气及燃气的包围中工作,其外表面均作为已知换热系数及周围流体定性温度的第三类边界条件。对于转子中的封闭空腔结构,由于没有冷却空气的流动,其换热量相对冷却空气及燃气对转子外表面的换热要小得多,因此给定绝热边界。计算所需的换热系数、气流定性温度是根据机组的实际监测数据提取得到的,其数值随启停过程不断地变化,所有的边界条件的施加均通过 ANSYS 的 APDL 语言编程实现。

对于力学边界条件,由于采用循环对称模型,转子侧面给定循环对称约束。为防止产生刚体运动,在压气机推力轴承作用面处给定轴向约束。在施加拉杆预紧力时采用螺栓预紧加载方式,该方式可以考虑轮盘膨胀/收缩对拉杆预紧力的影响。转速随启停过程的变化规律通过数组方式进行加载。

5.1.3　拉杆转子的对流换热边界条件

稳定运行时,转子表面的换热系数以及边界温度都可看作是固定值,而在启停工况下,各个换热边界条件是随时间变化的。根据简化处理,某型真实燃气轮机转子的温度场计算所需的换热系数包括轮盘侧面的换热系数、光轴处的换热系数、轮缘处的换热系数、转子气封处的换热系数。下面介绍各换热类型的准则式选取。

1. 轮盘侧面换热

根据燃气轮机内气流的流动特性及换热机理划分,轮盘侧面的换热可认为是由自由盘换热、转静腔室换热、旋转盘腔的盘面换热等简单结构的流动换热组成。燃气轮机转子中各个腔室内的流动换热情况相当复杂,要得到准确的换热边界需要对各个腔室进行详细的流动换热计算及大量实验验证。由于数据不足及实验条件的限制,无法针对具体流动形式进行详细的实验和数值研究,因而本书参考航空发动机的设计经验[1],选取轮盘侧面的换热公式如下

$$h = \frac{Nu \cdot \lambda_c}{R_b} \tag{5-8}$$

$$Nu = 0.03Re^{0.8} \tag{5-9}$$

$$Re = \frac{u \cdot R_b}{v} \tag{5-10}$$

式中,h 为换热系数,单位为 W/(m·K);Nu 为努赛尔数;λ_c 为气流的导热系数,单位为 W/(m·K);R_b 为轮盘外圆半径,单位为 m;Re 为雷诺数;u 为外圆 R_b 处的圆周速度,单位为 m/s;v 为气流运动黏度系数,单位为 m²/s。

2. 光轴处换热

光轴处的换热系数公式如下[2]

$$h = \frac{Nu \cdot \lambda_c}{R_a} \tag{5-11}$$

$$Nu = 0.1Re^{0.68} \tag{5-12}$$

$$Re = \frac{u \cdot R_a}{v} \tag{5-13}$$

式中,R_a 为光轴外缘半径,单位为 m。

3. 轮缘处换热

轮缘定性温度选取进气侧与出气侧温度的平均值,压气机轮缘处的换热系数公式如下[3]

$$h = \frac{2\lambda}{9\pi \cdot R_0} \tag{5-14}$$

式中,λ 为轮盘材料的导热系数,单位为 W/(m·K);R_0 为轮盘外缘半径,单位为 m。

依据文献[4],透平轮缘处的换热系数公式如下

$$h = \alpha \left(\frac{2r_0}{0.57} \right)^{0.8} \left(\frac{\omega}{3000} \right)^{0.8} \quad\quad (5-15)$$

式中，r_0 为轮盘外缘半径，单位为 m；ω 为转速，单位为 r/min。

4. 转子气封处换热

转子气封处的换热系数公式如下

$$h = 0.98 \left(\frac{3.6\lambda}{2\delta} \right) \left(\frac{M \cdot 2\delta}{A\mu g} \right)^{0.6} \left(\frac{w}{\delta} \right)^{-0.58} \quad\quad (5-16)$$

式中，λ 为气换热系数，单位为 W/(m·K)；g 为气封间隙，单位为 m；M 为漏气量，单位为 kg/s；A 为漏气面积，单位为 m^2；μ 为动力黏性系数，单位为 Pa·s；w 为气封宽度，单位为 m。

5.2 燃气轮机拉杆转子的温度场分析

燃气轮机转子在运行中具有启停速度快、次数多的特点。根据实际机组的运行情况，选取稳态运行、冷态启动、热态启动和停机四种典型工况进行燃气轮机转子热分析。稳态运行工况直观反映出燃气轮机转子的长期运行状态。冷态启动是燃气轮机各种启动中最重要的启动工况，是燃气轮机最危险的动态过程，在冷态启动中，燃气轮机各部件将被高温燃气加热，从冷态到热态，转子从静止到额定转速、从空负荷到满负荷。冷态启动过程不仅关系到转子的安全运行，也关系到转子的寿命。根据机组的运行规程规定[5]，机组停机大于 72 小时后的启动为冷态启动。热态启动定义为机组停机不大于 10 小时的启动，与冷态启动的主要区别在于启动的初始时刻转子的温度较高。

为了便于直观地分析结果，明确转子温度、等效应力在启停过程的变化规律，分别选取了压气机第十三级轮盘与透平第一级轮盘的某些区域作为参考位置，由字母 A~G 表示，各位置如图 5-3 所示[6,7]。

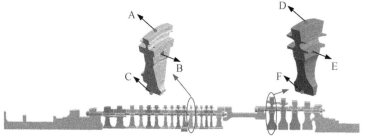

A—位于压气机第十三级轮盘轮缘处，对其温度和应力进行监测；
B—位于压气机第十三级轮盘拉杆孔处，该位置应力集中明显；
C—位于压气机第十三级轮盘中心孔处，其温度代表了压气机第十三级轮盘内径处温度；
D—位于透平第一级轮盘轮缘处，对其温度、应力进行监测；
E—位于透平第一级轮盘拉杆孔处，该处应力集中明显；
F—位于透平第一级轮盘中心孔处，对透平第一级轮盘内径处温度和应力进行监测。

图 5-3 燃气轮机转子各参考点的具体位置示意图

5.2.1　稳态运行温度场

在额定工况下燃气轮机转子的稳态温度场计算结果如图 5-4 所示。由图可知,转子温度场分布过渡均匀,温度场沿轴向及径向均有较大变化;对于压气机转子,温度沿气流流动方向逐渐增大,变化较明显。由于该燃气轮机转子采用压气机中间级(第十三级)中心抽气冷却方式,轮盘内径处受到来自中间级抽气的冷却作用,因此自第十三级以后,压气机轮盘整体温度水平较高,但并未出现大的温度梯度。对于透平转子,由于有冷却空气的存在,透平转子的大部分区域温度水平普遍较低,温度场沿径向变化明显,由轮盘内径到轮盘外缘温度逐渐升高,越靠近轮缘位置,其温度梯度越大,并且在轮缘处存在轴向温度梯度,透平转子最高温度出现在透平第一级轮盘外缘处。对于转子整体,温度最大值为 534℃,出现在中间轴位置。这是因为该转子采用中间抽气方式,使得中间轴内缘同样承受较高的温度,同时缺少冷却空气对其进行冷却,造成中间轴温度水平较高。

图 5-4　燃气轮机转子的稳态温度场

5.2.2　冷态启动温度场

冷态启动工况中,机组于启动 300 s 后达到满转速,600 s 后达到满负荷。计算终止点选取为启动后 6000 s,即有较长的稳定运行计算时间。温度随时间变化根据零负荷、满转速与满负荷的温度比例关系进行提取。根据上述设定,以透平第三级轮盘出气侧温度为监测对象,提取的燃气轮机转子冷态启动过程中转速和温度随时间的变化规律如图 5-5 所示。由启动曲线可以看出,燃气轮机转子在 5 分钟达到满转速,10 分钟达到满负荷,其升速和升负荷曲线具有较大的斜率,表现出快速启动的特点。

5.2.2.1　冷态启动拉杆转子时的整体温度演化规律

以室温(20℃)作为冷态启动工况初始时刻的温度场,通过瞬态热分析计算得到冷态启动工况下任意时刻转子的温度场分布,图 5-6 为燃气轮机转子冷态启动工况瞬态温度场的计算结果。由图可知,冷态启动到达满转速(300 s)时,最高温度出现在压气机第十七级轮盘出气侧,最高温度为 407℃,该时刻转子外径处温度较高,温度梯度较大。冷态启动到达满负荷(600 s)时,最高温度位于压气机第十七

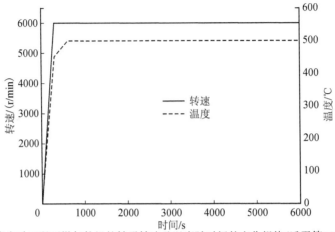

图 5-5　冷态启动工况下燃气轮机的转子转速及温度随时间的变化规律(透平第三级轮盘出气侧)

（a）冷态启动工况启动后300 s时（满转速时刻）的转子温度场分布

（b）冷态启动工况启动后600 s时（满负荷时刻）的转子温度场分布

（c）冷态启动工况启动后6000 s时（终止时刻）的转子温度场分布

图 5-6　冷态启动不同时刻转子整体温度分布

级轮盘出气侧,最高温度为 475℃,相较满转速时刻,此时转子整体温度有所上升,透平转子温度水平高于压气机转子的。冷态启动达到终止时刻(6000 s)时,转子整体温度场与图 5-4 所示稳态温度分布基本一致,最高温度出现在中间轴与透平第一级轮盘接触段上表面处,最高温度为 531℃。但是相对于透平转子,中间轴并没有产生高的温度梯度,因此对热应力影响较小。对于透平转子,其轮缘位置温度较高,轴向及径向温度梯度较大,当转子温度场到达稳定状态,温度梯度亦稳定。

5.2.2.2　冷态启动轮盘参考点的温度演化规律

为了便于反映温度的变化趋势,选取参考点的温度演化规律进行分析。图 5-7 为冷态启动工况下透平第一级轮盘及压气机第十三级轮盘参考点的温度随启动时间的变化曲线。由曲线可知,外缘(A 点)的温度变化规律反映了换热系数随启动时间的变化情况,即开始时刻转速及流量较低,换热系数较小,转子温度与气流温度相差较大,而随着启动过程的进行,转速及流量的增加,使得换热系数增大,转子温度变化基本与气流温度变化一致;由于导热需要时间,轮盘内径处(C 点)的温度要滞后于外缘处,因而形成了内外温差,在启动初始阶段,气流温度升率大,转子受到较大的热冲击,外缘温度及内外温差迅速升高;随着启动过程的进行,外缘温度升高缓慢,内径处温度升高较快,因而轮盘内外温差有一定的降低。但在启动结束阶段,随升负荷的需要,气流温度继续升高,内外温差又有所升高。当启动结束后进入稳定运行阶段,气流温度

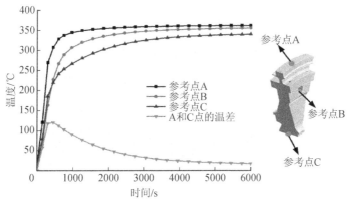

（a）冷态启动压气机第十三级轮盘参考点的温度演化规律
（A,B,C,D代表的是参考点的位置，上文有介绍）

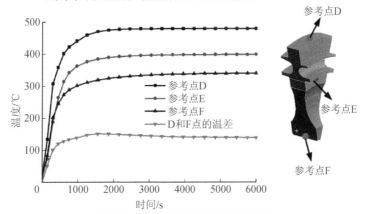

（b）冷态启动透平第一级轮盘参考点的温度演化规律

图 5-7　冷态启动燃气轮机转子参考点的温度演化规律

基本不变,轮盘内径处的温度将逐渐升高,内外温差将逐渐减小,并趋于稳定。需要特别指出的是,由于该燃气轮机采用压气机中心抽气冷却,压气机转子部分冷却空气进入透平转子内缘处,因此透平转子内外缘温度变化趋势基本相同,内外缘温度梯度先增大后保持稳定。整个启动过程中,透平转子温度的变化要比压气机转子平缓。

5.2.2.3 冷态启动拉杆孔的温度演化规律

由于燃气轮机转子具有拉杆孔结构,拉杆孔的温度分布对孔结构的变形有很大影响,因此需要对拉杆孔的温度演化规律进行研究。图 5-8 给出了压气机和透平拉杆孔的温度演化规律。由图可以看出压气机和透平拉杆孔呈现出相似的温度

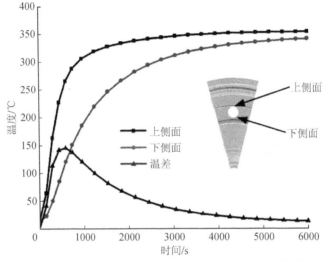

（a）冷态启动压气机第十三级轮盘拉杆孔的温度演化规律

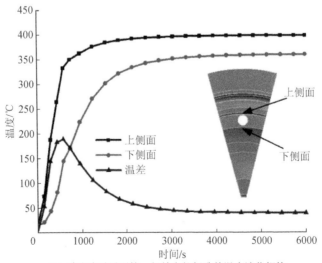

（b）冷态启动透平第一级轮盘拉杆孔的温度演化规律

图 5-8 冷态启动燃气轮机转子拉杆孔的温度演化规律

变化规律。由于导热的滞后性,拉杆孔上下侧面存在温差,其在升负荷结束时达到最大。随着启动进入稳定运行阶段,温差逐渐减小并趋于稳定值,表明拉杆孔温度分布逐渐均匀。由于透平轮盘温度梯度高于压气机轮盘,透平拉杆孔温差高于压气机拉杆孔的温差。根据温差的变化可知,拉杆孔温差在启动过程中呈现先升高后下降的变化趋势,随着温差的变化拉杆孔的变形呈现不同的变化规律,对后续拉杆孔的应力变化产生影响。

5.2.3　热态启动温度场

热态启动工况中,机组于启动 300 s 后达到满转速,600 s 后达到满负荷,计算终止时间选取为启动后 2400 s。和冷态启动相比,热态启动的启动曲线和冷态启动相同,热态启动转子的初始温度较高。根据实际启动规程,选取停机后 2000 s的温度场作为热态启动的初始温度场。根据上述设定,以透平第三级轮盘出气侧温度监测点为对象,提取燃气轮机转子热态启动过程中转速、温度随时间的变化规律如图 5-9 所示。

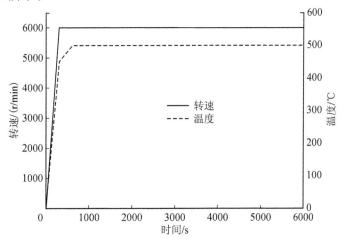

图 5-9　热态启动工况下燃气轮机转子转速及温度随时间的变化规律(透平第三级轮盘出气侧)

5.2.3.1　热态启动转子的整体温度演化规律

热态启动转子的整体温度变化规律如图 5-10 所示。热态启动初始时刻的温度较高,转子上的温度最大值达 386 ℃,并且由于各转子表面气流温度的较大差异,虽然换热系数均较小,但转子内仍存在较大的温差。随着启动的进行,转子表面换热系数及转速、气流温度逐渐增大,转子温度场分布逐渐过渡到与稳态工况类似的温度分布。与冷态启动工况相比,热态启动初始温度较高,升转速升负荷过程中转子温度变化较为平缓,温度梯度较小。

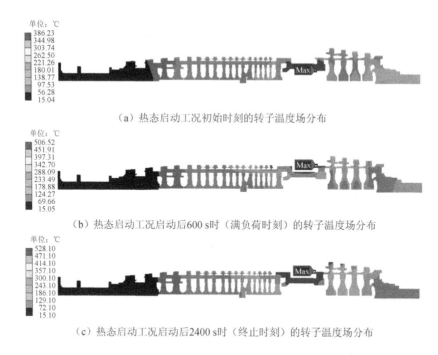

（a）热态启动工况初始时刻的转子温度场分布

（b）热态启动工况启动后600 s时（满负荷时刻）的转子温度场分布

（c）热态启动工况启动后2400 s时（终止时刻）的转子温度场分布

图 5 - 10　热态启动不同时刻转子的整体温度分布

5.2.3.2　热态启动轮盘参考点的温度演化规律

　　热态启动轮盘参考点的温度演化规律如图 5 - 11 所示。由于机组热态启动时，转子初始温度较高，而气流温度在启动开始阶段低于转子表面温度，使转子表面出现"冷冲击"的现象，即转子轮盘出现了负的温差。在热态启动整个阶段转子的内外温差低于冷态启动。压气机轮盘的内外温差的变化呈现先增大后减小的变化趋势，进入稳定运行阶段后轮盘内外温差逐渐减小；透平轮盘的内外温差表现出和压气机轮盘不同的变化趋势，由于冷却空气的存在，在稳定运行阶段轮盘内外温差并没有减小，仍然保持较高的温差水平。

5.2.4　停机工况温度场

　　停机工况中，机组于停机后 300 s 降负荷完毕，停机后 900 s 降转速完毕，计算终止时间选取为停机后 5000 s。将稳态温度场作为停机工况初始温度分布，温度随时间变化根据零负荷、满转速与满负荷的温度比例关系进行提取。根据上述设定，以透平第三级轮盘出气侧温度监测点为对象，提取燃气轮机转子停机过程中转速、温度随时间的变化规律，如图 5 - 12 所示。

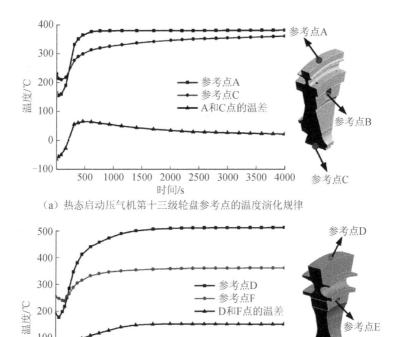

（a）热态启动压气机第十三级轮盘参考点的温度演化规律

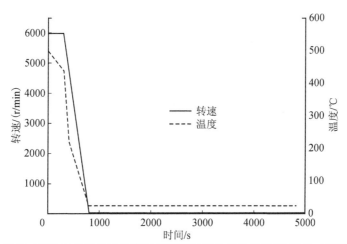

（b）热态启动透平第一级轮盘参考点的温度演化规律

图 5－11　热态启动燃气轮机转子参考点的温度演化规律

图 5－12　停机工况燃气轮机转子转速及温度随时间的变化规律（透平第三级轮盘出气侧）

5.2.4.1 停机工况下转子的整体温度演化规律

由于停机换热系数及气流温度变化规律与启动工况不同,停机过程中转子温度场的变化规律不同于启动工况。图 5-13 为燃气轮机转子停机工况瞬态温度场的计算结果。由图可知,停机过程与启动过程相反,停机初始时刻为开始降负荷时刻,因而其温度场为稳态工况的温度场。随着停机的进行,转子表面的换热系数随转速逐渐降低,各处气流温度逐渐降低,转子整体温度呈现下降趋势。由于冷却空气的存在,透平转子的温度比压气机转子下降得快,转子的高温区随着停机过程的进行出现在压气机转子和透平转子后几级的轮盘上。

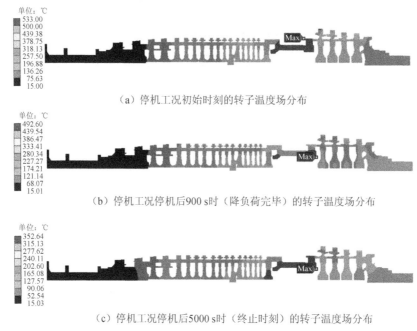

（a）停机工况初始时刻的转子温度场分布

（b）停机工况停机后900 s时（降负荷完毕）的转子温度场分布

（c）停机工况停机后5000 s时（终止时刻）的转子温度场分布

图 5-13　停机工况停机后不同时刻转子的整体温度分布

5.2.4.2 停机工况下轮盘参考点的温度演化规律

停机工况轮盘参考点的温度演化规律如图 5-14 所示。与启动过程相反,停机过程为气流对燃气轮机转子的冷却过程。随着气流温度的变化,转子表面温度在初始阶段响应较快。随着停机过程的推进,转子表面换热系数逐渐减小,转子温度响应也随之减缓。由于导热需要时间,内径处温度的下降滞后于外缘,因此形成转子轮盘的内外温差。压气机轮盘的内外温差随停机过程的进行,先降低到负的最大值然后再逐渐上升。由于冷却空气的存在,透平轮盘的内外温差变化较为平缓。

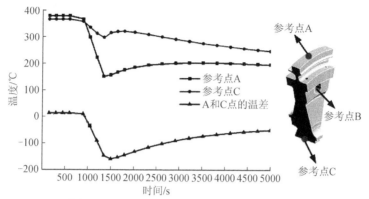

（a）停机工况下压气机第十三级轮盘参考点的温度演化规律

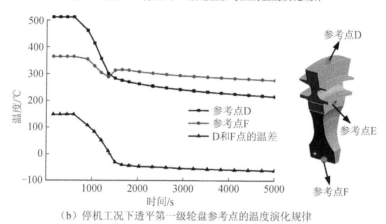

（b）停机工况下透平第一级轮盘参考点的温度演化规律

图 5-14 停机工况下燃气轮机转子参考点的温度演化规律

5.3 燃气轮机拉杆转子的应力分析和结构改进

由于转子不同部件的应力演化规律不同,为了准确获取不同部件的应力变化状态,分别选取转子整体(不包含拉杆结构)、参考点位置和拉杆结构进行应力演化规律分析。为了更好地分析温度场对转子应力的影响,将仅考虑温度场的计算结果定义为热应力;将考虑温度场、离心力和预紧力的计算结果定义为综合加载等效应力。

5.3.1 拉杆转子稳态运行的应力分布

5.3.1.1 稳态运行热应力分布

某型真实燃气轮机转子在稳定运行时,转子内部存在不均匀的温度场。转子材料由于受热产生膨胀,当材料的膨胀受到限制时,就会由于膨胀挤压而产生热应力。图5-15给出了某型真实燃气轮机转子在稳定运行时的热应力场计算结果。

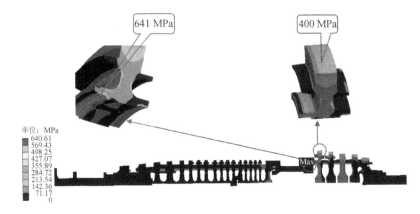

图 5-15 某型真实燃气轮机转子稳定运行时的热应力分布

热应力场的分布反映了温度场的分布,在温度梯度较大区域,热应力较高。由图 5-15 可知,在透平各级轮盘外缘及与中间轴连接轮盘圆角处存在大的热应力,最大热应力位于透平第一级轮盘进气侧倒圆处,其值为 641 MPa。最大热应力出现在该处是由于中间轴温度水平较高,同时向轴向、径向膨胀,在拉杆的约束下,中间轴与透平第一级仍然保持紧密接触,使得此处发生翘曲变形。透平轮缘处温度梯度较大,热应力约 400 MPa;转子其他区域温度梯度较小,热应力较低。

5.3.1.2 稳态运行时的综合加载等效应力分布

图 5-16 至图 5-18 为某型真实燃气轮机转子在稳定运行时的综合加载等效应力分布图,转子稳定运行时最大应力位于后轴头拉杆孔上壁面处,其值为 1313 MPa;压气机拉杆最大应力为 1025 MPa,出现在拉杆凸台圆角处;透平拉杆最大应力为 1295 MPa,也出现在拉杆凸台圆角处。

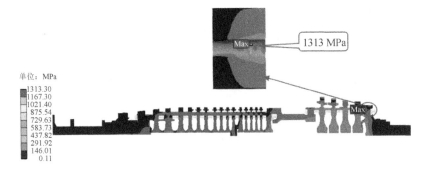

图 5-16 某型真实燃气轮机转子稳定运行时的综合加载等效应力分布

图 5-17　压气机拉杆稳定运行时的综合加载等效应力分布

图 5-18　透平拉杆稳定运行时的综合加载等效应力分布

5.3.2　拉杆转子冷态启动工况的应力分布

5.3.2.1　冷态启动工况的热应力分布

　　某型真实燃气轮机转子冷态启动工况的热应力计算过程是将冷态启动工况的瞬态温度场作为热载荷施加到应力场分析模型中进行顺序耦合分析。

　　图 5-19 至图 5-21 为冷态启动工况下转子热应力的计算结果。冷态启动到达满转速时刻(300 s)时,最大热应力位于压气机第十三级轮盘引气孔入口处,其值为 1042 MPa;满负荷时刻(600 s)时,最大热应力同样位于引气孔入口处,其值为 1064 MPa;冷态启动终止时刻,最大热应力位于透平第一级轮盘进气侧圆角处,其值为 447 MPa,出现在该位置是由于中间轴温度水平较高,同时向轴向、径向膨胀,中间轴与透平第一级仍然保持紧密接触,使得此处发生翘曲变形。

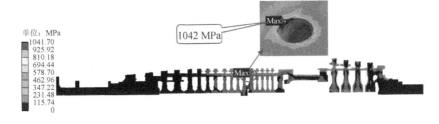

图 5-19　冷态启动工况启动后 300 s 时(满转速时刻)的转子热应力分布

图 5-20 冷态启动工况启动后 600 s 时(满负荷时刻)的转子热应力分布

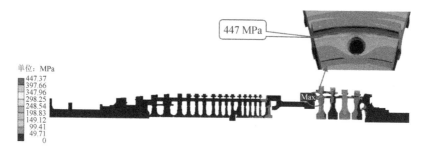

图 5-21 冷态启动工况启动后 6000 s 时(终止时刻)的转子热应力分布

图 5-22 为某型真实燃气轮机转子在冷态启动工况下转子最大热应力随时间的变化规律。由图 5-22 可知,在升转速升负荷阶段,转子外径处温度急剧升高,内径处温度较低,整体温度梯度升高,转子热应力急剧增大,转子最大热应力位于压气机第十三级轮盘引气孔入口处,其值为 1064 MPa。转子运行到达满负荷后,转子温度场逐渐趋于稳定,转子内外径温差降低,温度梯度有所降低,热应力逐渐减小,而温度引起的轮盘热变形开始发挥作用。在冷态启动到达终止时刻时,转子最大热应力位于透平第一级轮盘进气侧圆角处,其值为 447 MPa。

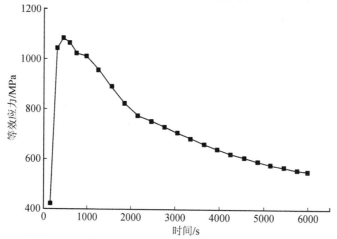

图 5-22 冷态启动工况下转子最大热应力的时变曲线

5.3.2.2　冷态启动综合加载等效应力分布

　　某型真实燃气轮机转子冷态启动综合加载等效应力计算过程是将冷态启动工况的瞬态温度场作为热载荷与离心力载荷、拉杆预紧力载荷共同施加到应力场分析模型中进行顺序耦合分析。

　　图 5 - 23 为某型真实燃气轮机转子在冷态启动时综合加载等效应力的最大值随时间的变化规律。由图 5 - 23 可知,转子综合加载最大等效应力呈现先上升后降低之后逐渐趋于平稳的规律。在启动前期,由于热应力和离心力的增加,转子综合加载等效应力水平逐渐增大。当启动阶段结束进入稳定运行状态时,由于热应力的下降,综合加载等效应力出现略微下降,随即继续升高并在稳定运行阶段基本保持不变,这是由拉杆孔和拉杆之间的接触挤压造成的。转子应力的最大值出现在冷态启动后 968 s,其值为 1323 MPa。

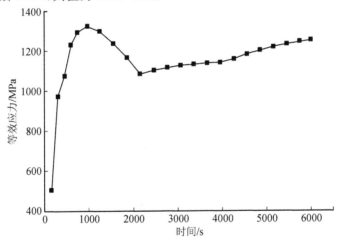

图 5 - 23　冷态启动工况下转子综合加载最大等效应力的时变曲线

　　图 5 - 24 为冷态启动工况转子综合加载等效应力的计算结果。由图 5 - 24 可知,冷态启动到达满转速时刻(300 s),转子最大应力位于压气机第十三级轮盘引气孔入口处,其值为 972 MPa;满负荷时刻(600 s)转子最大等效应力位于透平第一级拉杆孔侧壁面处,其值为 1229 MPa;冷态启动后 968 s 时转子的最大等效应力位于压气机末端轮盘出气侧圆角处,其为 1323 MPa,出现在该位置是由于中间轴温度水平较高,同时向轴向、径向膨胀,使得中间轴发生翘曲变形;在冷态启动终止时刻,转子的最大等效应力位于中间轴拉杆孔上壁面处,其值为 1252 MPa。

　　图 5 - 25 和图 5 - 26 分别为冷态启动过程中在压气机拉杆、透平拉杆综合加载等效应力最大值时刻的拉杆整体应力分布图。压气机拉杆等效应力于冷态启动后 750 s 达到最大,其值为 1542 MPa,位于右端凸台下表面圆角处;透平拉杆综合加载等效应力值于冷态启动后 450 s 到达最大,最大值为 1468 MPa,位于右端凸台下表面圆角处。

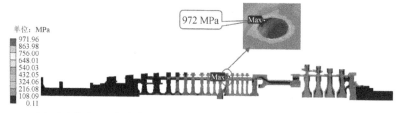

（a）冷态启动工况启动后300 s时（满转速时刻）的转子综合加载等效应力分布

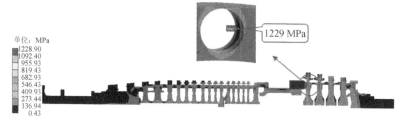

（b）冷态启动工况启动后600 s时（满负荷时刻）的转子综合加载等效应力分布

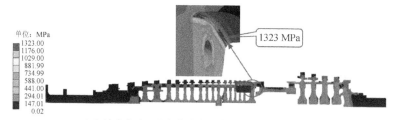

（c）冷态启动工况启动后968 s时的转子综合加载等效应力分布

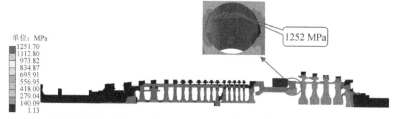

（d）冷态启动工况启动后6000 s时（终止时刻）的转子综合加载等效应力分布

图5-24　冷态启动工况启动后不同时刻的转子综合加载等效应力分布

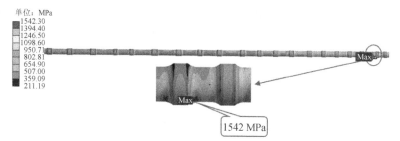

图5-25　冷态启动工况启动后750 s时的压气机拉杆综合加载等效应力分布

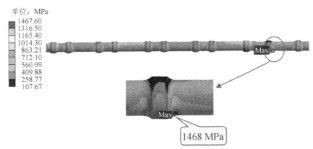

图 5-26　冷态启动工况启动后 450 s 时的透平拉杆综合加载等效应力分布

图 5-27 和图 5-28 分别为冷态启动工况压气机拉杆、透平拉杆综合加载等效应力最大值与预紧力的时变曲线。在启动过程中,拉杆预紧力在离心力与温度场综合作用下呈现先增大后减小并逐渐趋于稳定的过程。离心力载荷使得转子收

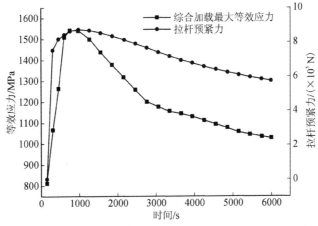

图 5-27　冷态启动工况压气机拉杆综合加载最大等效应力及预紧力时变曲线

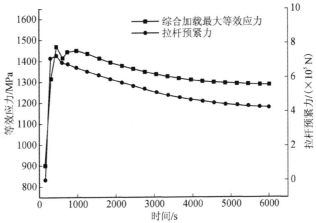

图 5-28　冷态启动工况透平拉杆综合加载最大等效应力及预紧力时变曲线

缩,从而使拉杆松弛,预紧力降低。转子在温度场的作用下产生了热变形,其先急剧增大后趋于稳定。拉杆材料的线膨胀系数要高于轮盘,而拉杆升温需要一定时间,因此在启动初期转子温度相对拉杆较高,热变形较拉杆更大,拉杆紧绷,预紧力增加,到达稳定运行状态时拉杆的膨胀变形使得自身变得松弛,预紧力逐渐减小。

5.3.3 拉杆转子的热态启动应力分布

5.3.3.1 热态启动热应力分布

图5-29为热态启动工况下转子的热应力计算结果。由图5-29可知,在热态启动工况初始时刻,转子最大热应力位于中间轴出气侧圆角处,其值为488 MPa;在满转速时刻,转子最大热应力位于透平第一级轮盘进气侧圆角处,其值为720 MPa;在热态启动到达终止时刻时,最大热应力位于透平第一级轮盘进气侧圆角处,其值为375 MPa。对比发现,热态启动热应力分布与冷态启动类似,但热应力的最大值相对冷态启动较小。

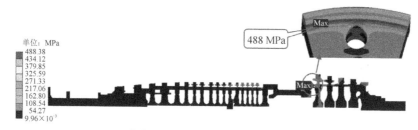

(a) 热态启动工况下初始时刻的转子热应力分布

(b) 热态启动工况下启动后300 s时(满转速时刻)的转子热应力分布

(c) 热态启动工况启动后2400 s时(终止时刻)的转子热应力分布

图5-29 热态启动工况下启动后不同时刻的转子热应力分布

图 5-30 为某型真实燃气轮机转子热态启动工况下热应力最大值随时间的变化规律。由图 5-30 可知,在升转速升负荷阶段,转子外径处温度急剧升高,内径处温度变化较小,整体温度梯度升高,转子热应力逐渐增大,最大值位于透平第一级轮盘进气侧圆角处,其值为 720 MPa;转子运行到达满负荷后转子温度场逐渐趋于稳定,热应力随之减小并趋于稳定;热态启动到达终止时刻时,转子最大热应力出现在透平第一级轮盘进气侧圆角处,其值为 375 MPa。

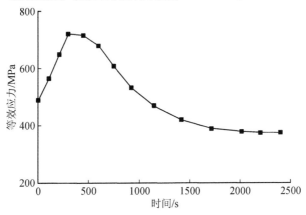

图 5-30　热态启动工况下转子最大热应力的时变曲线

5.3.3.2　热态启动工况下综合加载等效应力分布

某型真实燃气轮机转子热态启动工况下综合加载等效应力的计算过程,是将热态启动工况的瞬态温度场作为热载荷与离心力载荷、拉杆预紧力载荷,共同施加到应力场分析模型中进行顺序耦合分析[6]。

图 5-31 为某型真实燃气轮机转子热态启动综合加载等效应力最大值随时间的变化规律。由图 5-31 可知,转子综合加载等效应力的最大值呈现先升高后降

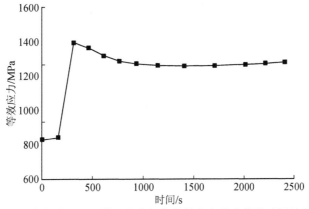

图 5-31　热态启动工况下转子综合加载等效应力最大值随时间的变化曲线

低并逐渐趋于稳定的趋势。在热态启动工况的升转速升负荷阶段,离心应力与热应力同时升高,转子应力逐渐增大,并于启动后 311 s 达到最大值 1395 MPa,其位于透平第一级轮盘的拉杆孔上壁面处;满负荷后,转子离心应力不变,转子温差逐渐降低,温度梯度逐渐降低,转子应力最大值位置由透平第一级轮盘拉杆孔处移动至后轴头拉杆孔处;随着启动过程的推进,转子温度场逐渐趋于稳定,转子应力变化较小。热态启动终止时刻,转子最大应力位于后轴头的拉杆孔上壁面处,其值为1277 MPa。

图 5-32 为热态启动工况转子综合加载等效应力计算结果。由图 5-32 可知,热态启动到达满转速时刻时,转子最大应力位于透平第一级轮盘拉杆孔上壁面处,其值为 1395 MPa;热态启动到达满负荷时刻时,转子最大应力位于后轴头拉杆孔上壁面处,其值为 1318 MPa;热态启到达终止时刻时,转子最大应力位于后轴头拉杆孔上壁面处,其值为 1277 MPa。转子轮盘应力分布类似,应力均为由内径向外径逐渐减小,各圆角处出现一定应力集中,拉杆孔上壁面应力较大。

（a）热态启动工况下启动后311 s时（满转速时刻）的转子综合加载等效应力分布

（b）热态启动工况下启动后611 s时（满负荷时刻）的转子综合加载等效应力分布

（c）热态启动工况下启动后2400 s时（终止时刻）的转子综合加载等效应力分布

图 5-32　热态启动工况下启动后不同时刻的转子综合加载等效应力分布

图 5-33 和图 5-34 分别为热态启动过程中压气机拉杆和透平拉杆的综合加载等效应力分布。压气机拉杆的综合加载等效应力在热态启动后 931 s 到达最大,其值为 1233 MPa,位于拉杆右端凸台下表面圆角处;透平拉杆综合加载等效应力在热态启动后 2400 s 达到最大,其值为 1297 MPa,位于拉杆末端凸台下表面圆角处。与冷态启动工况相比,热态启动工况拉杆综合加载最大等效应力低于冷态启动工况下的相应值,一方面由于热态启动工况下拉杆的温度梯度较冷态启动工况下的值偏低,另一方由于拉杆的初始预紧力值较冷态启动工况下的值偏低。

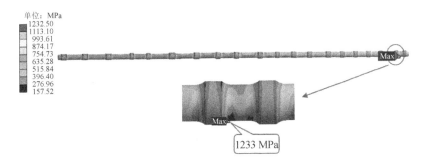

图 5-33　热态启动工况下启动后 931 s 时的压气机拉杆综合加载等效应力分布

图 5-34　热态启动工况下启动后 2400 s 时的透平拉杆综合加载等效应力分布

图 5-35 和图 5-36 分别为热态启动工况下压气机拉杆和透平拉杆的综合加载最大等效应力与预紧力的时变曲线。在热态启动过程中,拉杆预紧力在离心力与温度场综合作用下呈现先减小后增大并逐渐趋于平稳的变化趋势。在升转速升负荷初期(300 s 之前),由于转子初始温度较高,转子温度场变化较小,温度对拉杆预紧力影响较小;随着转速升高,轮盘逐渐收缩,拉杆变得松弛,预紧力有所下降。在升转速升负荷后(300 s 之后),转子温度升高,转速对拉杆预紧力的影响逐渐变小;在温度场作用下,轮盘发生膨胀,拉杆温度逐渐升高,膨胀变形使得自身变得松弛,预紧力逐渐减小。由于转子热态启动的初始温度较高,与冷态启动工况相比,轮盘与拉杆的伸长量均有所减小,拉杆预紧力变化也相对较小。

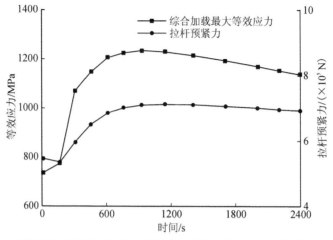

图 5 - 35 热态启动工况下压气机拉杆综合加载最大等效应力及预紧力的时变曲线

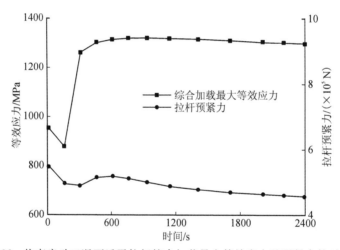

图 5 - 36 热态启动工况下透平拉杆综合加载最大等效应力及预紧力的时变曲线

5.3.4 拉杆转子停机工况的应力分布

5.3.4.1 停机工况的热应力分布

图 5 - 37 为停机工况下转子热应力的计算结果。由图 5 - 37 可知,停机 300 s 后,转子最大热应力位于透平第一级轮盘的进气侧圆角处,其值为 394 MPa;停机 750 s 后,转子最大热应力位于中间轴的出气侧圆角处,其值为 821 MPa。最大热应力出现在该位置的原因是降转速末期出现温度回升,转子发生热膨胀,使得此处发生翘曲变形;在停机终止时刻,转子最大热应力位于中间轴出气侧圆角处,其值为 488 MPa。

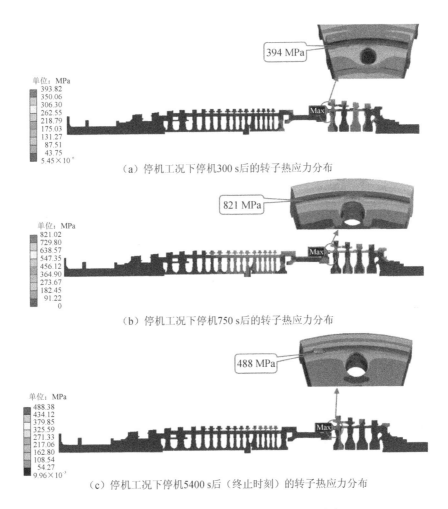

（a）停机工况下停机300 s后的转子热应力分布

（b）停机工况下停机750 s后的转子热应力分布

（c）停机工况下停机5400 s后（终止时刻）的转子热应力分布

图 5 - 37　停机后不同时刻的转子热应力分布

图 5 - 38 为某型真实燃气轮机转子在停机工况下热应力的最大值随时间的变化规律。由图 5 - 38 可知,在降负荷阶段(前 300 s),转子温度降低,温度梯度减小,转子热应力减小,热应力最大值位于透平第一级轮盘的进气侧圆角处,其值为 394 MPa;在降转速阶段,转子转速不断降低,而温度回升引起的热膨胀使转子的热应力增大,热应力最大值出现在停机后 750 s,位于中间轴的出气侧圆角处,其值为 821 MPa;随着停机过程的推进,转子温度缓慢降低,转子以盘车运行,转子热应力渐渐减小,计算终止时刻转子最大热应力位于中间轴出气侧圆角处,其值为 488 MPa。

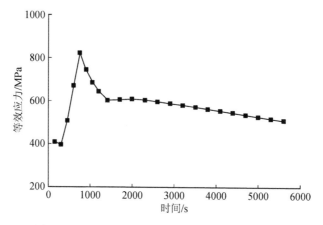

图 5-38 停机工况下转子最大热应力的时变曲线

5.3.4.2 停机工况下综合加载等效应力分布

图 5-39 为某型真实燃气轮机转子停机工况下综合加载最大等效应力随时间的变化规律。由图 5-39 可知,转子综合加载最大等效应力整体呈现下降趋势,但在停机后 300 s 与 750 s 有所升高。停机工况下,在降负荷阶段转子等效应力略微升高后迅速下降;在降转速阶段,离心应力逐渐降低,而热应力出现回升,等效应力有所增大;降转速结束后,转子离心应力不变,热应力逐渐降低,等效应力随之减小。

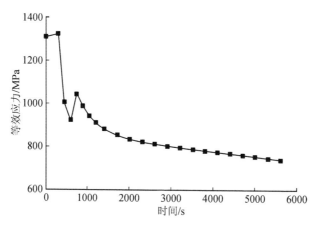

图 5-39 停机工况下转子综合加载等效应力最大值的时变曲线

图 5-40 为停机工况下转子综合加载等效应力的计算结果。由图 5-40 可知,停机工况降负荷完毕时,转子最大应力位于转子的后轴头拉杆孔处,其值为1323 MPa,此时转子仍以工作转速运行,拉杆凸肩与拉杆孔上壁面仍保持紧密接

触;停机 750 s 后,转子最大应力值位于中间轴的出气侧圆角处,其值为 1045 MPa,最大应力值出现在该位置的原因是停机过程中热应力有所增加;在停机终止时刻,转子最大应力位于中间轴的压气机出气侧圆角处,其值为 742 MPa。

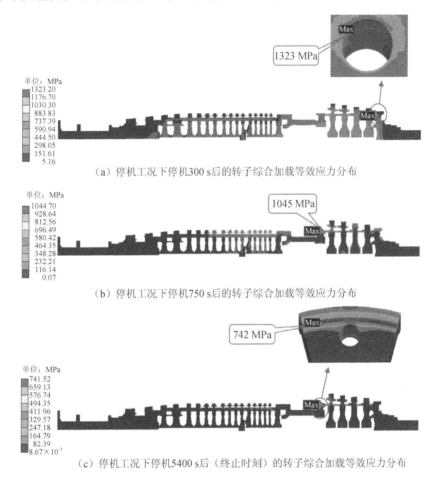

（a）停机工况下停机300 s后的转子综合加载等效应力分布

（b）停机工况下停机750 s后的转子综合加载等效应力分布

（c）停机工况下停机5400 s后（终止时刻）的转子综合加载等效应力分布

图 5-40　停机后不同时刻的转子综合加载等效应力分布

通过对稳态运行、冷态启动、热态启动和停机四种工况下转子的应力进行分析,得到了不同工况下转子应力的计算结果,如表 5-3 所示。可以看出,冷态启动工况下的热应力水平最高,这是因为冷态启动工况的温度梯度最大。在四种工况下,转子综合加载等效应力最大值相近,这是因为综合加载最大等效应力来自于拉杆孔和拉杆之间的接触挤压变形,受启动工况的影响较小。

表 5 - 3   某型真实燃气轮机转子应力结果的汇总

工况	最大热应力/MPa	综合加载最大等效应力/MPa	屈服极限/MPa
稳态运行	640	1313	1124
冷态启动	1064	1323	1124
热态启动	720	1395	1124
停机工况	821	1323	1124

5.3.5   拉杆转子的结构改进设计

5.3.5.1   凸台间距的改进设计

针对透平拉杆结构采取如下的结构优化方案[7]：缩小透平拉杆末端凸台与相邻螺母的间距，并于末端两凸台中间位置增加一凸台。在不改变转子与拉杆其余位置结构的前提下，考虑拉杆末端的加工工艺、装配等因素，并参考压气机拉杆两端凸台、透平拉杆前段凸台与各相邻螺母的间距，透平末端凸台与相邻螺母的最小间距可调整为 10 mm，由此获得间距 L 的变动范围为 10~24 mm。透平拉杆末端的结构变化如图 5-41 所示。

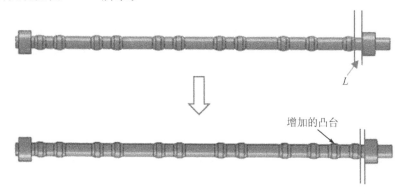

图 5-41   透平拉杆结构的改进示意图

采用改进拉杆结构进行冷态启动工况下应力分析，其边界条件和原始模型保持一致。通过对比不同间距 L 的计算结果可知，除拉杆末端和与之接触的拉杆孔外，其他区域的等效应力分布均与未改进模型的应力分布一致。整个启动过程中，转子后轴头拉杆孔处的等效应力最大。通过减小凸台与螺母的间距 L，后轴头拉杆孔的最大等效应力改变较为明显，如图 5-42 所示，最大等效应力随着间距的减小逐渐降低。

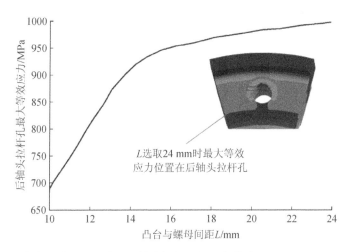

图 5 - 42   冷态启动工况下转子后轴头拉杆孔的最大等效应力随间距 L 的变化规律

5.3.5.2   凸肩布置的改进设计

拉杆应力的最大值只与跨距和拉杆离心力有关,影响拉杆离心力大小的主要因素是材料密度、轮盘半径,这在燃气轮机设计时主要由诸如功率、通流特性、振动特性等因素所决定[8]。因此,较为可行的拉杆结构改进方向应是增加凸肩数量,减小凸肩跨距。本节以简化的周向拉杆转子为例,就凸肩布置对拉杆应力的影响进行介绍。周向拉杆转子的初始三维模型如图 5 - 43 所示,拉杆结构如图 5 - 44 所示。

图 5 - 43   周向拉杆转子的初始三维模型

图 5 - 44   周向拉杆转子的拉杆结构

　　随着转速的增加,拉杆表现出不同的应力变化规律,如图 5-45 所示。在转速到达 4200 r/min 之前,静态安装间隙量越大,拉杆最大等效应力值越高;在 4200～8000 r/min 的转速范围内,拉杆最大等效应力值随转速升高先下降后缓慢上升,并不随静态安装间隙量的不同而变化;转速超过 8000 r/min 后,拉杆最大应力值随转速迅速上升。将 0～4200 r/min,4200～8000 r/min 和 8000～10000 r/min 三个转速区域分别称作"低转速区域""中转速区域"和"高转速区域",将拉杆最大等效应力开始先下降后上升的转速(本例为 4200 r/min)称作转折转速。

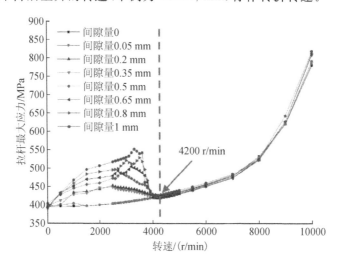

图 5-45　周向拉杆转子的拉杆最大应力值随转速的变化规律

　　拉杆结构改进方案是通过增加凸肩数量从而减小凸肩跨距,在转子到达"转折转速"后可以降低拉杆应力。对拉杆结构增加凸肩数量分为等跨距增加和不等跨距增加两种方式。为了分析比较跨距均匀性对改进效果的影响,以图 5-44 所示转子拉杆为初始模型,取较大的凸肩静态安装间隙量 0.8 mm,分别设计凸肩数量加倍但跨距不等(在原两凸肩中间 1/5 处增加凸肩,即 $P=L_t/5$,改进方案 A 及凸肩数量加倍且跨距相等两种改进结构(在原两凸肩正中间 1/2 处增加凸肩,即 $P=L_t/2$,改进方案 B,如图 5-46 所示。分别计算两种方案下拉杆应力最大值随转速的变化规律,并与初始模型计算结果进行比较,对改进效果进行分析,结果见图 5-47。将拉杆结构进行改进后,到达"转折转速"后的"中转速区域"的转速范围,拉杆应力值出现明显下降,改进方案 B 降低拉杆应力水平的效果优于改进方案 A,最高可使拉杆最大应力下降 15.8%。结果说明跨距越均匀,应力优化的效果越好;在"低转速区域"及"高转速区域",改进方案效果不明显。

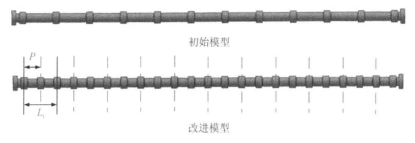

图 5-46　拉杆结构改进方案

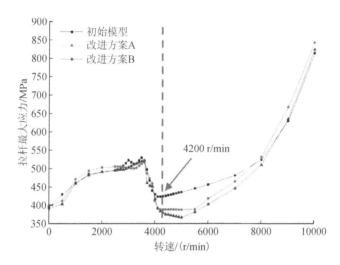

图 5-47　拉杆改进后拉杆的最大应力值随转速的变化规律

5.4　燃气轮机拉杆转子低周疲劳寿命分析

5.4.1　低周疲劳寿命分析方法

　　采用局部应力-应变法对某型真实燃气轮机转子的低周疲劳寿命损耗进行评估。局部应力应变法的计算思路是:转子零部件的疲劳裂纹,都是在应力、应变较高部位的最大应变处发生,并且在裂纹萌生之前产生一定的塑性变形,局部位置的塑性变形是疲劳裂纹萌生和扩展的先决条件,因而决定零构件疲劳寿命的是应力集中处的最大局部应力与应变[9]。局部应力-应变法又可根据对应力应变的循环处理方式分为对称循环计算法和非对称循环计算法。由于非对称循环计算法需要数据众多而难以实现,所以本书采用对称循环计算法来对燃气轮机转子的低周疲劳寿命进行估算。

对称循环计算法的思路是:在估算燃气轮机转子的低周疲劳寿命损耗时,采用文献[4]$^{5-6}$提出的方法,把启动工况和停机工况分别视作两个完整的对称疲劳循环进行处理。计算出其总应变 $\Delta\varepsilon$ 后,在疲劳曲线上查得其低周疲劳裂纹循环次数,并计算其倒数作为对称循环的低周疲劳寿命损耗,后取其 1/2 作为启动一次或停机一次的低周疲劳寿命损耗。

局部应力应变关系可表示为

$$\sigma\varepsilon = \sigma_i\varepsilon_i \qquad (5-17)$$

式中,σ 为计算所得等效应力;ε 为计算所得等效应变;σ_i 为真实应力;ε_i 为真实应变。

总应变 $\Delta\varepsilon$ 与实际循环应变幅值 ε_a 有如下关系

$$\frac{\Delta\varepsilon}{2} = \frac{\varepsilon_{max} - \varepsilon_{min}}{2} = \varepsilon_a \qquad (5-18)$$

式中,$\Delta\varepsilon$ 为循环的总应变;ε_{max} 为循环的最大应变;ε_{min} 为循环的最小应变;ε_a 为循环的应变幅。

一次启动或一次停机的低周疲劳寿命损耗 d 的计算公式为

$$d = \frac{1}{2N} \qquad (5-19)$$

式中,N 为低周疲劳裂纹的循环次数。

计算疲劳寿命损耗所需的燃气轮机转子材料的 $\sigma\text{-}\varepsilon$ 曲线与 $\varepsilon\text{-}N$ 曲线如下所示。

30Cr2Ni4MoV 材料的 $\sigma\text{-}\varepsilon$ 曲线为

$$\varepsilon_a = \frac{\Delta\sigma}{E} + \left(\frac{\Delta\sigma}{1200}\right)^{\frac{1}{0.076}} \qquad (5-20)$$

30Cr2Ni4MoV 材料的 $\varepsilon\text{-}N$ 曲线为

$$\Delta\varepsilon = 0.0067(2N)^{-0.073} + 0.54(2N)^{-0.88} \qquad (5-21)$$

IN718 材料的 $\sigma\text{-}\varepsilon$ 曲线为

$$\varepsilon_a = \left(\frac{\Delta\sigma}{1401}\right)^{\frac{1}{0.065}} \qquad (5-22)$$

IN718 材料的 $\varepsilon\text{-}N$ 曲线为

$$\Delta\varepsilon = 0.0078(2N)^{-0.054} + 0.351(2N)^{-0.718} \qquad (5-23)$$

式中,$\Delta\sigma$ 为循环的应力幅值。

计算转子低周疲劳寿命损耗的具体步骤是:

(1)采用 ANSYS 有限元方法计算出燃气轮机转子启动、停机过程中危险点的最大等效应力 σ_{max}、最小等效应力 σ_{min}、最大等效应变 ε_{max} 与最小等效应变 ε_{min},进而确定该过程的等效应力、应变幅值;

　　(2)依据式(5-20)和转子材料的σ-ε曲线来确定对称循环的实际循环应力幅值$\Delta\sigma$与实际循环应变幅值ε_a;

　　(3)根据式(5-21)与转子材料的ε-N曲线计算相应启动、停机过程的低周疲劳N,之后根据式(5-19)计算低周疲劳寿命损耗d。

5.4.2　不同工况下转子的低周疲劳寿命分析

　　提取某型真实燃气轮机转子在各工况初始时刻与等效应力达到最大值时刻各危险位置的等效应力和等效应变,求得各工况下等效应力的变化幅值($\sigma_{max}-\sigma_{min}$)与等效应变的变化幅值($\varepsilon_{max}-\varepsilon_{min}$)如表5-4至表5-6所示。

表 5-4　某型真实燃气轮机转子轮盘的等效应力、应变变化幅值(30Cr2Ni4MoV 材料)

工况	位置	($\sigma_{max}-\sigma_{min}$)/MPa	$\varepsilon_{max}-\varepsilon_{min}$
冷态启动	压气机后轴头的出气侧圆角	1323	0.0068
停机工况	后轴头拉杆孔的上壁面	1099	0.0057
热态启动	后轴头拉杆孔的上壁面	1155	0.0058

表 5-5　某型真实燃气轮机转子轮盘的等效应力、应变变化幅值(IN718 材料)

工况	位置	($\sigma_{max}-\sigma_{min}$)/MPa	$\varepsilon_{max}-\varepsilon_{min}$
冷态启动	透平第一级拉杆孔	1229	0.0061
停机工况	透平第一级拉杆孔	810	0.0047
热态启动	透平第一级拉杆孔	1105	0.0060

表 5-6　某型真实燃气轮机拉杆的等效应力、应变变化幅值(IN718 材料)

工况	位置	($\sigma_{max}-\sigma_{min}$)/MPa	$\varepsilon_{max}-\varepsilon_{min}$
冷态启动	压气机拉杆的凸台圆角处	728	0.0039
停机工况	透平拉杆的凸台圆角处	476	0.0030
热态启动	透平拉杆的凸台圆角处	516	0.0032

　　需要指出的是,由于拉杆预紧力载荷是自始而终存在的载荷,使得各工况下拉杆的初始等效应力(σ_{min})与初始等效应变(ε_{min})不为0,因而拉杆的等效应力、应变变化幅值相对于轮盘较小。

　　根据式(5-20)、(5-21)与各材料的σ-ε曲线,计算得到转子各工况下循环应变幅值$\Delta\varepsilon$与应力幅值$\Delta\sigma$的最大值;根据材料的ε-N曲线与式(5-19),计算得到上述各位置的低周疲劳寿命N与启动一次的寿命损耗d。计算结果如表5-7至表5-9所示。

表 5 - 7　某型真实燃气轮机转子轮盘的低周疲劳寿命损耗汇总表 (30Cr2Ni4MoV 材料)

工况	位置	真实应变	疲劳寿命 N	寿命损耗 $d/\%$
冷态启动	压气机后轴头的出气侧圆角	0.0078	158	0.32
停机工况	后轴头拉杆孔的上壁面	0.0056	395	0.13
热态启动	后轴头拉杆孔的上壁面	0.0060	327	0.15

表 5 - 8　某型真实燃气轮机转子轮盘的低周疲劳寿命损耗汇总表 (IN718 材料)

工况	位置	真实应变	疲劳寿命 N	寿命损耗 $d/\%$
冷态启动	透平第一级拉杆孔	0.0074	645	0.078
停机工况	透平第一级拉杆孔	0.0039	213300	0.0002
热态启动	透平第一级拉杆孔	0.0066	1047	0.048

表 5 - 9　某型真实燃气轮机转子拉杆的低周疲劳寿命损耗汇总表 (IN718 材料)

工况	位置	真实应变	疲劳寿命 N	寿命损耗 $d/\%$
冷态启动	压气机拉杆的凸台圆角处	0.0053	4699	0.011
停机工况	透平拉杆的凸台圆角处	0.0030	27385000	<0.0002
热态启动	透平拉杆的凸台圆角处	0.0034	2633400	0.0002

由表 5 - 7 可知,冷态启动工况是较危险的工况,冷态启动一次 30Cr2Ni4MoV 材料的轮盘寿命损耗为 0.32%,IN718 材料的轮盘寿命损耗为 0.078%,IN718 材料的拉杆寿命损耗为 0.011%。

由上述计算结果可以看出:转子冷态启动工况下的等效应力、应变变化最大,且轮盘应力超过了材料对应的屈服极限,启动一次对转子产生的低周疲劳寿命损耗较大,单次最高损耗为 0.32%,冷态启动工况属于危险工况;转子停机工况的等效应力和应变变化最小,且轮盘应力在材料对应的屈服极限范围内,启动一次对转子产生的低周疲劳寿命损耗最小,单次最高损耗为 0.13%,对转子寿命的影响可以忽略。

根据拉杆转子应力分布特征可知,在冷态启动过程中轮盘圆角处、拉杆和相应的拉杆孔会出现应力集中。在最大等效应力处,其值超过了材料的屈服极限。根据高温旋转部件强度判定准则[10],考虑二次应力时,最大应力小于 1.5 倍屈服极限,强度符合要求。本章计算采用弹性分析,但由于存在塑性变形,因此后续计算中可以采用弹塑性分析。

根据拉杆转子的低周疲劳寿命计算结果,冷态启动为最危险的启动工况,启动一次转子寿命损耗为 0.32%。由三菱公司的 F 级燃气轮机运行经验可知[11],在

70000 小时内,大部分机组的启停次数均小于 650 次,而仅有少数机组的启停次数在 1400 次左右(其启动工况包括冷态启动、温态启动及热态启动)。由转子的低周疲劳寿命计算结果可知,按目前的启停规则,不能满足运行时间的要求。由冷态启动曲线可知,其升速率和温升率都比较大,可以通过优化启动温升曲线减小应力集中,降低疲劳寿命损耗。

参考文献

[1] 王华阁. 航空发动机设计手册[M]. 北京:航空工业出版社,2001:133 - 136.

[2] 张保衡. 大容量火电机组寿命管理与调峰运行[M]. 北京:水利水电出版社,1988:1 - 3.

[3] 欧文豪,袁奇,石清鑫. 基于整机瞬态热应力场重型燃气轮机转子的寿命评估[J]. 中国机械工程,2015,26(7):929 - 935.

[4] 周祚. 50 MW 燃气轮机转子瞬态热应力与结构优化研究[D]. 西安:西安交通大学,2016.

[5] 石清鑫. F 级重型燃气轮机转子热弹性计算及低周疲劳寿命损耗预测研究[D]. 西安:西安交通大学,2012.

[6] LIU Y, YUAN Q, ZHU G Y, et al. Transient and of a on-mechanical [J]. Shock and vibration,2018,43(2):1 - 14.

[7] 刘洋. 基于热固耦合的燃气轮机拉杆转子强度与振动研究[D]. 西安:西安交通大学,2019.

[8] 刘昕,袁奇,欧文豪. 燃气轮机周向拉杆转子拉杆应力分析和改进设计[J]. 西安交通大学学报,2016,50(10):104 - 110.

[9] 姚卫星. 结构疲劳寿命分析[M]. 北京:国防工业出版社,2003:117 - 140.

[10] 史进渊,杨宇,邓志成,等. 汽轮机零部件强度有限元分析的设计判据[J]. 热力透平,2011,51(1):22 - 27.

[11] AKITA E, ARUMURA H, TOMITA Y, et al. M501F/M701F gas turbine updating[C]//. ASME Turbo Expo:Power for Land, Sea & Air, June 4 - 7, 2001. New Orleans:ASME,2001:1 - 8.

索 引